Gabriele Hasmann | Iris Otto-Siemakowski

W0076550

Mahlzeit!

Clevere Rezeptideen für Mensch & Hund

GOLDEGG VERLAG

Bildrechte Foto Gabriele Hasmann: © Gerhard Kunze,
Foto Iris Otto-Siemakowski: © Veronika Bartussek
Hundebild Seite 8: © Veronika Bartussek
Fotorechte Rezepte: © Iris Otto-Siemakowski
Umschlaggestaltung: Alexandra Schepelmann, schepelmann.at
Coverfoto: shutterstock/StudioCAXAP
Illustrationen Seite 27: Kohlehydrate © dehweh – fotolia.de, Eiweiss, Rohfaser, Fette, Vitamie © kartoxjm – fotolia.de

Inhaltsverzeichnis

— 5 —

Vorwort

Liebe Leserin, lieber Leser,
wenn ein Hund in unser Leben tritt, sind wir ab diesem Zeitpunkt für ihn und dafür verantwortlich, ihm ein glückliches und langes Leben voller Energie und Leistungsfähigkeit zu bieten. Gesunde, artgerechte Ernährung spielt dabei eine ebenso wichtige Rolle, wie Respekt, liebevolle Zuwendung, sinnvolle Beschäftigung und gute Erziehung. Unsere Haustiere fressen letztendlich aus Menschenhand. Wir sind es, die Tag für Tag das Futter und so manches Leckerli für unsere Lieblinge auswählen.

Die Beziehung zwischen Menschen und Vierbeinern befindet sich seit geraumer Zeit im Wandel. Und das ist gut so! Dabei ist der Hund nicht mehr nur beispielsweise der Bewacher von Heim und Halter oder das Kuschelobjekt der Kinder, sondern ein vollwertig in die gesamte Familie integriertes Lebewesen – mit Wünschen, Bedürfnissen und Ansprüchen, wie jeder andere Teil dieser Gruppe auch. Der hohe Stellenwert, den unsere Vierbeiner dadurch mittlerweile genießen, macht natürlich auch bei der Ernährung nicht Halt. Man möchte seinen Hund schließlich genauso verwöhnen wie sich selbst, weil Liebe eben auch durch den Magen geht.

Wissenschaftliche Studien zeigen, dass Wohlbefinden und Lebensfreude jedes Menschen in Gesellschaft von Tieren steigen –

nicht umsonst werden bereits überall auf der Welt Therapiehunde eingesetzt. Daher ist es auch nicht verwunderlich, dass der Hund als Familienmitglied und bester Kumpel fast überall mit dabei ist, ob beim Campen, im Urlaub oder unterm Weihnachtsbaum.

Genau diese Tatsache führte zu der Leitidee des vorliegenden Buchs: das Konzept „Buddy Dog" – so auch der Name eines Kapitels – als tierischer Bestandteil eines modernen Lifestyles für Hundehalter. Und eines sicher, dieses Buch werden Sie und Ihr Hund zum (Fr)Essen gern haben. Es verbindet nämlich die Freude am Kochen mit dem Know-how in puncto Tierernährung – so zaubern Sie im Handumdrehen kulinarische Highlights und verwöhnen mit ein und demselben Rezept sich selbst und Ihren vierbeinigen Liebling!

In diesem Buch wurden 75 geniale, leicht nachzukochende Rezepte gesammelt – von klassischen, einfachen Köstlichkeiten bis zu ganz besonderen Leckereien wie Smoothies, Entrees, Hauptspeisen und Desserts. Das Gute daran, Sie sparen dabei wirklich Zeit und Geld und haben gleichzeitig eine gesunde und vor allem kostengünstige Möglichkeit, Ihren besten Freund artgerecht zu ernähren.

Auch Hunden mit Unverträglichkeiten oder Allergien profitieren von dieser tollen Alternative. Denn mit selbst zubereiteten Mahlzeiten können Sie im Handumdrehen den Speiseplan Ihres Lieblings ganz einfach an seine individuellen Ernährungsbedürfnisse anpassen.

Die Zutaten der nachfolgenden Gerichte sind fachgerecht aufeinander abgestimmt. So kommen ausschließlich Lebensmittel in den Napf, die Ihrem Hund - aber auch Ihnen als sein Lebensmensch - gut tun und letztendlich Teil einer ausgewogenen Ernährung sind.

Die empfohlenen Mengenangaben helfen Ihnen dabei, ohne Reue zu schlemmen und sich rundum wohl zu fühlen – immer nach dem Motto: gesund und lecker kochen für Mensch und Hund!

Wissenswertes zu den neuesten Trends in Sachen Hundefutter, eine sachgemäße Anleitung zur richtigen Futterzusammenstellung, wertvolle tierische Tipps und Tricks sowie historische und kuriose Fakten runden das kulinarische Werk für Zwei- und Vierbeiner gekonnt ab.

Den Autorinnen bleibt nun nur noch zu wünschen: Bon Appétit und viel Spaß beim Nachkochen!

Iris Otto-Siemakowski &
Gabriele Hasmann

Die Hundeernährung – Zurück zum Ursprung

Hunde begleiten den Menschen schon seit vielen Jahrtausenden, seine Domestizierung dürfte um 15.000 v. Chr. stattgefunden haben, wenngleich die Tiere damals nicht wirklich ins „Domum" (Haus) durften, sondern größtenteils angekettet im Freien gehalten wurden. Das älteste derzeit bekannte Skelett eines Haushundes ist 14.000 Jahre alt.

Zur Zeit der Römer in Wien, also ab dem 1. Jahrhundert n. Chr., gab es nachweislich Wachhunde in den Siedlungen. In Italien hat zu dieser Zeit die Lava des ausbrechenden Vesuvs in Pompej einen Hund überrollt, der schützend auf einem Kind lag. Auf seinem Halsband, das später bei Ausgrabungen in der Asche gefunden wurde, stand, dass er Delta hieß und seinem Besitzer Severinus dreimal das Leben rettete.

Zu fressen bekamen die Vierbeiner von der Antike bis ins Mittelalter Wegwerfprodukte, etwa Knochen nach dem Schlachten von Vieh, schadhaftes Gemüse oder das sogenannte Hundebrot, eine Masse aus den Abfällen der Mühlen, angerührt mit Bohnenbrühe. Nur die Haustiere der wohlhabenden Menschen erhielten gutes Essen, durften sich durchaus auch an rohen Austern und Eiern laben. Auch besondere Happen als Anerkennung für gute Leistungen waren üblich. Ab dem 13. Jahrhundert ist überliefert, dass man Hunde mit Käsestück-chen belohnte – eine Leckerei, die heute noch beliebt ist.

Mit einer regelmäßigen Fütterung wollte man die praktischen Gefährten, die Haus und Hof bewachten und für die Jagd eingesetzt wurden, an den Menschen binden. Es gab damals sogar bereits strenge Regeln für die Vorgehensweise beim gemeinsamen Mahl, die in erster Linie von Kindern einzuhalten waren, beispielsweise: *Das Zuwerfen von Brocken oder gar einer Leckerei ist untersagt, da dies den Charakter des Hundes verdirbt.*

Im Mittelalter bekamen die „gewöhnlichen" Vierbeiner kaum Fleisch, nur Jagdhunde durften ihre Zähne hin und wieder als Dank für ihre Dienste in ein erlegtes Wildtier schlagen. Haus- und Hofhunde erhielten meist eine „Schlampe", einen Brei aus Wasser und Brot. Die vierbeinigen Begleiter adeliger Herrschaften wurden allerdings mit extra in einer Bäckerei hergestellten Leckereien beliefert – die Idee der „Hundekekse" ist also nicht so neu, wie man meinen möchte. Hirtenhunde wiederum hat man komplett vegetarisch ernährt, damit sie gar nicht erst auf den Geschmack kamen und in Versuchung gerieten, die ihnen anvertrauten Schäfchen zu fressen.

Im Mittelalter war es auch, anders als heute, durchaus üblich, Hunde zum Grasen

— 8 —

auf die Wiese zu führen. Die grünen Halme galten als reinigend und förderlich für die Verdauung und Entschlackung. Auch Milch hatte in der Hundeernährung einen viel höheren Stellenwert als heute. Welpen beispielsweise zog man laut Lehrbuch mit Brotkrumen und Ziegen- oder Kuhmilch auf, die man ebenso säugenden Hündinnen zu trinken gab, um die eigene Milchproduktion für ihre Babys anzuregen. Es existierte damals außerdem eine lange Liste an ungeeignetem Hundefutter, wie etwa sauer gewordene Suppe.

Als im 16. Jahrhundert – nach der Entdeckung des Inkareichs durch die Spanier –, die Kartoffel nach Europa gelangte, avancierte sie für Mensch und Vierbeiner zum beliebten Grundnahrungsmittel. Ein Haferbrei mit Möhren, Kartoffeln und Fett wurde bald zum Mode-Hundefutter.

Ab etwa dem 19. Jahrhundert machte man sich bereits Gedanken darüber, wie ein Hund unkompliziert und zugleich vernünftig zu ernähren sei, was zur Entstehung von Fertigmischungen als Nahrungsmittel führte. Industriell hergestelltes Hundefutter tauchte erstmals in den 1930er-Jahren auf, Trockenfutter wurde in den USA während des Zweiten Weltkriegs entwickelt, als durch die kriegsbedingte Rationierung von Blech den Herstellern von Dosenfutter der Rohstoff für die Behältnisse ausging.

Parallel dazu haben einzelne Hundehalter ihre Vierbeiner mit rohen Eiern, Frischfleisch, Kräutern und Beeren gefüttert, angelehnt an die ursprüngliche Ernährung des Wolfes – aus dieser Fütterungsmethode entwickelte sich der B.A.R.F.-Trend (= „Bones And Raw Foods" oder „Biologically Appropriate Raw Food").

Doch seit wann kocht der Mensch eigentlich für seinen treuen Begleiter Gourmet-Leckereien und verwöhnt ihn mit vollwertiger Nahrung, die dem Essen der Zweibeiner kaum an Qualität nachsteht?

Die Frage ist einfach zu beantworten: Spätestens dann, wenn er dieses Buch in den Händen hält und nicht nur seinem Hund eine Freude machen möchte, sondern beim Lesen unserer Rezepte selbst Appetit auf eine unserer Köstlichkeiten bekommt.

Ernährungstrends

Gesunde Ernährung begeistert uns Menschen bereits seit vielen Jahren und ist in den meisten Fällen eng verbunden mit Wohlbefinden, Vitalität und Gesundheit.

Dieser Trend ist mittlerweile auch in der Tierernährung angekommen, und Hundehalter machen sich vermehrt Gedanken darüber, wie sie ihren Liebling am besten verköstigen. Der Wunsch nach einem kräftigen, satten und zufriedenen Hund steht hier klar im Fokus.

Diesen Aspekt hat auch die Industrie erkannt: Noch nie gab es so viele verschiedene Futtermittel für Hunde, wobei die angebotenen Produkte weniger an die Bedürfnisse des Hundes, dafür umso stärker aber an jene der Menschen angelehnt sind. Der „Kreativität" werden dabei keine Grenzen gesetzt: von Menüs in Gourmetqualität, teurem Futter für ganz bestimmte Hunderassen, über Rohfütterung in Dosen (die eigentlich keine ist, wenn Sie an den Herstellungsprozess einer Konserve denken) bis hin zur veganen Ernährungsform – es gibt praktisch nichts, das es noch nicht gibt. Der Grat zwischen gutem Marketing und wissenschaftlicher Relevanz ist oft sehr schmal.

Für den Laien wird es zunehmend schwieriger, sich im Futtermitteldschungel zurechtzufinden, um für seinen Vierbeiner die richtige Ernährungsform zu finden, die ebenso an die eigenen Anforderungen angepasst ist.

Gerade in der heutigen Zeit, wo ein Ernährungstrend den anderen ablöst und laufend Zweifel bezüglich einer gesunden Kost geschürt werden, wächst die Unsicherheit, was schlussendlich im Napf seines Lieblings landet. Man hinterfragt Zusammensetzung, Herkunft und Qualität der verarbeiteten Rohstoffe und wünscht sich naturnahes, artgerechtes Futter in Bio-Qualität (mehr dazu siehe Kapitel *Richtig füttern*), das möglichst schadstofffrei, ohne synthetische Konservierungsmittel, Farbstoffe und Geschmacksverstärker hergestellt wird.

Der Begriff „artgerecht" ist heute nicht mehr wegzudenken bei der Verpflegung seines Vierbeiners. Doch was bedeutet dieses Wort eigentlich und wie natürlich und entsprechend seiner angeborenen Verhaltensweisen können Sie Ihren Hund grundsätzlich ernähren?

Per Definition besteht eine artgerechte Ernährung *aus essbaren, nachwachsenden, verträglichen und verdaulichen Nahrungskomponenten aus dem unmittelbaren Umfeld, an das sich jedes Lebewesen im Laufe der Evolution angepasst hat.* Dieses Naturgesetz ist ein Garant für tierisches Wohlbefinden und für das Überleben der jeweiligen Spezies. Möchten Sie jedoch genau auf dieses Prinzip eingehen, führt der Weg an selbst zubereitetem Futter nicht vorbei.

Alles Bio, oder was?

Wer sich bewusst ernähren möchte, setzt heute zunehmend auf Bioprodukte, bei denen Herkunft und Qualität der Rohstoffe im Vordergrund stehen.

Bio-Qualität garantiert eine transparente, geprüfte Herstellung mit hohen Auflagen für Mensch, Natur und Tier. Daraus resultieren gesundheitliche, ökologische aber auch ethische Vorteile gegenüber konventionell produzierten Lebensmitteln. Beim Fleisch lässt sich zum Beispiel nachvollziehen, woher das Tier, das Sie verfüttern möchten, stammt. Die Wahrscheinlichkeit, dass unerwünschte Mastmittel, Medikamentenrückstände oder Hormone im Fleisch enthalten sind, wird bei Lebensmitteln in Bio-Qualität eher als gering eingestuft. Gemüse und Obst aus biologischem Anbau weisen einen intensiveren Geschmack auf und gelten als weniger belastet mit Pestiziden.

Um sich hier besser orientieren zu können, werden diese Produkte mit Gütesiegeln gekennzeichnet und geben dem Konsumenten so eine Orientierung bei der Auswahl der Produkte.

Ebenso Halter mit ernährungssensiblen Vierbeinern profitieren von diesen individuellen, genau auf die Bedürfnisse seines Tieres abgestimmten Mahlzeiten.

Aufgrund oben genannter Gründen erlebte die biologisch artgerechte Rohfütterung in den letzten Jahren einen regelrechten Hype. Da nicht jede Ernährungsform per se für jeden Hundehalter gleichermaßen

— 10 —

geeignet ist – sei es aus rein organisatorischen Gründen oder ethischen Grundsätzen –, und es mitunter auch Vierbeiner gibt, die rohes Fleisch ablehnen oder nicht vertragen, erfährt die Hundeküche derzeit ein Revival: Das geliebte Haustier wird wieder bekocht! Denn was für den Menschen gut ist, kann – sofern Sie die jeweiligen Mahlzeiten richtig gestalten –, auch für den Hund nicht schlecht sein. Obendrein haben Sie dadurch die Freiheit, sich bewusst für die Zutaten der jeweiligen Hundemahlzeit zu entscheiden, die letztendlich im Napf landen sollen.

Natürlich selbst gekocht!

Selber kochen macht nicht nur Spaß, sondern verbindet Mensch und Tier auch in der Küche.

Aber nicht jede Mahlzeit für den Menschen eignet sich auch für den Futternapf des Hundes, denn dessen Nährstoffbedarf unterscheidet sich deutlich von dem seines Halters. Wer also für seinen Liebling den Kochlöffel schwingen möchte, sollte wissen, wie die jeweiligen Nahrungsbestandteile zusammengestellt sein müssen, um ihn

mit allen lebensnotwendigen Nährstoffen zu versorgen.

Um dies besser zu verstehen, lohnt es sich, einen Blick auf die ernährungsphysiologische Evolution der Hunde zu werfen. Er zählt zu den Omni(carni)voren, und um den Speiseplan unseres Canis familiaris ausgewogen zu gestalten, können Sie sich durchaus an seinem Urahnen orientieren. Die Annahme, der Wolf zähle ausschließlich zu den reinen Karnivoren (Fleischfresser), ist allerdings grundsätzlich falsch. Er frisst seine Beute samt Darminhalt und nimmt so neben Fleisch auch kohlehydratreiche Nahrungsbestandteile auf. Je nach Versorgungslage und Angebot, frisst das Tier in der Wildnis durchaus auch Pflanzen. Dazu zählen unter anderem Gräser, Wurzeln, Früchte, Beeren und Kräuter.

Der Hund hat sich aufgrund der Domestizierung von seinem Urahn etwas entfernt und in Gesellschaft des Menschen zu einem Omnivoren – einem Allesfresser – weiterentwickelt. Das Haustier ist flexibler in der Anpassung an unterschiedlichen Futterarten geworden und so nicht mehr rein von Nahrung tierischen Ursprungs abhängig. Es hat seine Ernährungsgewohnheiten denen des Menschen angepasst.

Die Vorteile selbst zubereiteter Rationen auf einen Blick

- Volle Kontrolle über die Auswahl der Zutaten
- Eigenbestimmung der Qualität der Zutaten
- Frische Zubereitung ohne Konservierungsstoffe oder chemischen Zusätzen
- Anpassung des Futters an die individuellen Ernährungsbedürfnisse des Hundes
- Abwechslungsreiche & kreative Mahlzeiten
- Eliminierung von Bakterien & Viren beim Kochen
- Bessere Verdaulichkeit der Mahlzeit durch gekochte Zutaten
- Höhere Akzeptanz vor allem bei mäkeligen Hunden
- Praktisch & abwechslungsreich
- Kostengünstig & zeitsparend
- Gentechnik- & tierversuchsfrei
- Selbst gekochte Mahlzeiten können ganz einfach portioniert und als tägliche Ration eingefroren werden. So kann man zusätzlich Zeit sparen.

Richtig füttern

Wie bei Menschen auch, spielt bei selbst zubereiteter Nahrung für unsere tierischen Lieblinge eine ausgewogene, auf den Bedarf des jeweiligen Hundes ausgerichtete Zusammensetzung des Futters eine wichtige Rolle.

Ist die Mahlzeit für den Vierbeiner nährstofftechnisch im Ungleichgewicht, kann das langfristig zu erheblichen Problemen führen. Derartige Fütterungsfehler beeinträchtigen auf lange Sicht alle Organsysteme, in erster Linie jedoch den Verdauungstrakt, die Haut, den Bewegungsapparat und im Falle bestimmter vorliegender Gesundheitsmängel auch wesentliche endokrine Regelkreise (Drüsensysteme). Ein Überschuss sowie ein Mangel an Nährstoffen kann mit-

unter ein Auslöser für Verhaltensauffälligkeiten, Entwicklungsstörungen, Verdauungsbeschwerden, Unverträglichkeiten, Allergien, Haut- und Fellprobleme, Fressunlust und Energieverlust sein oder schwerwiegende Erkrankungen, wie beispielsweise Diabetes, mit sich bringen.

Damit das nicht passiert, sollte eine gesunde Hundemahlzeit aus der richtigen Menge an tierischem Protein, Fetten, Kohlenhydraten – dazu zählen mitunter auch Obst und Gemüse – Vitaminen und Mineralstoffen bestehen.

Nachfolgend finden Sie die wichtigsten Bestandteile einer ausgewogenen Ration an frischem Futter für Ihren Liebling.

Proteine

Proteine, auch Eiweiße genannt, setzen sich aus vielen vernetzten, essentiellen und nicht essentiellen Aminosäuren sowie Stickstoff zusammen. Diese essenziellen Aminosäuren müssen dem Hund über die Nahrung zugeführt werden, weil er sie nicht selbst bilden kann.

Als Baustoffe sind sie für den Erhalt und Aufbau neuer Körperzellen, wie unter anderen Knochen, Fett, Muskeln, Enzyme, Zellen des Immunsystems, Haare, Haut, Blut und Gewebe, verantwortlich.

Zu den Eiweißen zählen: Muskelfleisch, Innereien, Eier, Milchprodukte und Pflanzeneiweiße. Tierisches Protein verfügt jedoch über eine höhere Verdaulichkeit als pflanzliches, weshalb diesem in der Ernährung des Hundes der Vorzug zu geben ist.

Kohlenhydrate

Kohlenhydrate sind neben Proteinen und Fetten ebenso wichtige Nährstoffe und Kurzzeit-Energielieferanten für Mensch und Tier, weshalb sie in keiner Mahlzeit fehlen sollten.

Bei Kohlenhydraten handelt es sich um Verbindungen aus Kohlenstoff, Sauerstoff und Wasserstoff, die vorwiegend aus pflanzlichen Quellen stammen. Stärkereiche Zutaten wie Kartoffeln, Reis, Nudeln oder Getreide servieren Sie dem Hund ausschließlich gekocht, da beim Garen die enthaltenen komplexen Polysaccharide aufgeschlossen werden und die Energie dem Hund auf diese Weise sofort zugänglich ist. In der Regel genügt ein Kochvorgang von ca. 15 Minuten.

Fette

Fette, auch Lipide genannt, sind die wichtigsten Energielieferanten und Bestandteil jeder Zelle. Sie dienen dem Schutz der Organe, fungieren als Wärmeisolierung und liefern die für unsere vierbeinigen Lieblinge so wertvollen essenziellen Fettsäuren. Fette helfen dabei, die fettlöslichen Vitamine A, D, E und K zu transportieren. Außerdem unterstützen sie das Immunsystem, sorgen für glänzendes Fell und eine gesunde Haut, dienen als Geschmacksträger im Futter und erhöhen damit auch dessen Akzeptanz.

Für den Hund lebensnotwendig und daher in dessen Ernährung entscheidend, sind vor allem die in Omega- 3- und Omega- 6- unterteilten, mehrfach ungesättigten Fettsäuren. Der Körper kann diese nicht selbst herstellen, weshalb sie über die Nahrung zugeführt werden müssen. Fette und Öle können tierischer (z.B. Schmalz, Schaffett oder Lachsöl) wie auch pflanzlicher Herkunft (z.B. Kokosfett, Lein- oder Hanföl) sein. Aufgrund des oft unterschiedlichen Gehalts an Omega- 3- und Omega- 6-Fettsäuren sollten Sie bei den Ölen darauf achten, diese der Nahrung abwechselnd zuzufügen.

Vitamine

Vitamine sind in der Hundeernährung essenziell für die Unterstützung aller Stoffwechselvorgänge im Organismus und für die Gesunderhaltung des Vierbeiners. Es handelt sich um nicht Energie lieferende, organische Nahrungsbestandteile, die dem Hund in kleinen Mengen zugeführt werden müssen, da er diese nicht oder nur in geringen Mengen (Vitamin C, K) selbst produzieren kann.

Man unterscheidet dabei zwischen wasserlöslichen Vitaminen (Vitamin C, B) und fettlöslichen (A, D, E, K). Wasserlösliche Vitamine lassen sich nicht in dem Maße im Körper speichern wie fettlösliche, da sie der Organismus über die Niere wieder ausscheidet.

Fettlösliche Vitamine werden hingegen zusammen mit Fett oder Öl vom Hund verdaut und gelangen über die Darmwand in den Hundeorganismus. Sie werden in der Leber gespeichert.

Mineralstoffe

Mineralstoffe stellen anorganische Verbindungen dar, die der Hund nicht selbstständig herstellen kann und somit auf die Zufuhr durch die Nahrung angewiesen ist. Sie werden in der Ernährungslehre in Mengenelemente (Calcium, Phosphor, Magnesium, Natrium, Kalium, Chlorid) und in Spurenelemente (Eisen, Kupfer, Mangan, Zink, Jod, Selen) eingeteilt.

Mineralstoffe helfen zum Beispiel beim Bau der Knochen, regeln den Wasserhaushalt oder aktivieren Enzyme. Aber Vorsicht: Mineralstoffe beeinflussen sich bei der Aufnahme gegenseitig, weshalb es umso wichtiger ist, ein Gleichgewicht einzuhalten. Der Bedarf an Mineralstoffen richtet sich auch nach dem jeweiligen Alter, dem Gewicht, der Größe und der Leistung des Tiers.

Vitaminisiertes Mineralfutter und dessen Einsatz in der Hundeküche

Während des Zubereitungsvorgangs einer Mahlzeit auf dem Herd oder im Rohr verändern sich nicht nur Konsistenz und Farbgebung der Lebensmittel, sondern auch die darin enthaltenen Nährstoffe. Obgleich dieser Verlust nicht so drastisch zu bewerten ist, wie oft behauptet wird, ist dem Auskochen wichtiger Elemente aus der Nahrung dennoch Beachtung zu schenken.

Ein anderer wesentlicher Punkt bei der Zusammenstellung von selbst zubereiteten Futterrationen ist, dass die eigentliche, tägliche Bedarfsdeckung oft nicht erreicht wird. Um Fehlversorgungen zu vermeiden, sind daher Vitamin- und Mineralstoffzusätze erforderlich. Selbst gekochte Speisen für den Vierbeiner, die richtig ergänzt werden, gelten somit zu 100 Prozent als bedarfsgerecht und ausgewogen.

Um den Zubereitungsprozess zu vereinfachen und zugleich auf Nummer sicher zu gehen, gibt es vitaminisiertes Mineralfutter in Pulverform zu kaufen, das, richtig dosiert, zur jeweiligen ausgekühlten Mahlzeit hinzugefügt wird. Es enthält alle lebensnotwendigen Vitamine, Mineralstoffe und Spurenelemente und gleicht das Defizit der Mahlzeit aus. Achten Sie beim Erwerb eines vitaminisierten Mineralfutters auch auf den Calcium-Anteil. Dieser sollte bei ca. 20 Prozent liegen. Ein Blick auf die Zusammensetzung gibt schnell Aufschluss!

Wissenswertes rund um die Hundeküche

Nicht nur die richtige Zusammensetzung ist wichtig für eine gesunde Ernährung Ihres Lieblings, sondern auch die folgenden Regeln, die es beim Kochen von Hundemahlzeiten zu beachten gilt:

- **Fleisch**
  Für selbst hergestelltes Futter wird Fleisch oder Fisch stets gekocht, gedünstet oder gebraten.

- **Kohlenhydrate**
  Die Kohlenhydrate sollten weich gekocht sein. So wird eine optimale Verdauung gewährleistet.

- **Gemüse und Obst**
  Obst und Gemüse wird idealerweise zerkleinert, püriert, gedünstet oder gekocht zu einer Hundespeise verarbeitet.

- **Kochwasser**
  Das verbleibende Kochwasser darf gerne mit verfüttert werden. Einzige Ausnahme ist das Kochwasser von Kartoffeln – dieses enthält das Toxin Solanin, das der Hund nicht zu sich nehmen darf.

- **Mineralfutter**
  Das vitaminisierte Mineralfutter ist niemals zu erhitzen, da sonst erneut Nährstoffe verloren gehen. Mischen Sie es ausschließlich unter ausgekühlte Hundemahlzeiten.

- **Hygiene**
  Achten Sie beim Kochen auf absolute Hygiene! Gerätschaften und Schneidbretter, die mit rohem Fleisch in Berührung kommen, sind stets von allen anderen Zutaten zu trennen.

- **Kennzeichnung**
  Alle gekochten Mahlzeiten sollten – egal ob eingefroren oder im Kühlschrank aufbewahrt – gekennzeichnet und mit einem Datum versehen werden. Grundsätzlich ist gekochtes Fleisch und Gemüse im Kühlschrank ca. drei bis vier Tage haltbar. Danach sollten Sie das Futter nicht mehr verabreichen.

- **Futtertemperatur**
  Gekochte Rationen werden in Raumtemperatur gefüttert! Alle Speisen sollten nach dem Kochen ordentlich auskühlen.

Was darf und soll in den Hundenapf?

Für die Hundeküche stehen jede Menge nahrhafter und gesunder Zutaten zur Verfügung. Folgende Lebensmittel dürfen ohne Einschränkungen auf die tierische Einkaufsliste:

Proteinquellen	Milchprodukte	Kohlenhydrate	Gemüse
Ente	Buttermilch	Amaranth	Artischocke
Gans	Frischkäse	Buchweizen	Brokkoli
Hühnchen	Käse	Glutenfreie Nudeln	Brunnenkresse
Kalb	Kefir	Haferflocken	Chicorée
Kaninchen	Quark	Kartoffeln	Fenchel
Lachs	Sahne	Kürbis	Gurke
Lamm	Schafmilchjoghurt	Maisgries/	Karotte
Pferd	Ziegenmilchjoghurt	Polenta	Mangold
Pute		Quinoa	Pastinake
Rind		Reis	Portulak
Schaf		Süßkartoffeln	Rote Beete
Weißfisch		Topinambur	Rucola
Wild			Salat
Ziege			Sellerie
			Spargel
			Spinat
			Tomate (überreif)
			Zucchini

Obst	Nüsse/Kerne	Fette/Öle	Extras
Ananas	Chiasamen	Butter	Eier
Apfel	Haselnüsse	Hanföl	Honig
Aprikose (entkernt)	Kürbiskerne	Kokosöl	Kräuter
Banane	Leinsamen	Lachsöl	Natursalz
Birne	Paranüsse	Leinöl	
Brombeere	Pekanüsse	Rapsöl	
Erbeere	Pinienkerne	Schmalz	
Feige	Sesam	Sonnenblumenöl	
Hagebutte	Sonnenblumenkerne	Walnussöl	
Heidelbeere	Walnüsse reif		
Himbeere			
Johannisbeere			
Kirsche (entkernt)			
Mango (entkernt)			
Papaya			
Pflaumen (entkernt)			
Wassermelone (entkernt, überreif)			

Was darf nicht in den Hundenapf?

Täglich kommen bei uns verschiedene Lebensmittel auf den Tisch, die für den Menschen vollkommen unbedenklich, für Hunde allerdings gefährlich und mitunter sogar tödlich sein können.

Viele Inhaltsstoffe werden schlichtweg in ihrer Wirkung unterschätzt. Und auch wenn so manches Leckerli harmlos erscheint, kann dessen Verabreichung oftmals zu schwerwiegenden Gesundheitsproblemen und Vergiftungen führen.

Grundsätzlich variiert die gefährliche bzw. giftige Menge je nach physischer Verfassung und Größe des Hundes.

Die folgenden Lebensmittel sollten am besten gar nicht im Napf landen – oder aber nur in wohl dosierten Mengen (als Kur beispielsweise).

Achtung giftig! Diese Lebensmittel sollte mein Hund nicht fressen

Lebensmittel	Auswirkung
Alkohol	Alkohol ist Gift; mögliche Symptome und Konsequenzen nach Aufnahme: Erbrechen, Koordinationsstörungen, Atemnot, Koma, Tod
Aubergine	enthält das Toxin Solanin (besonders an den grünen Stellen); mögliche Symptome nach Aufnahme: Erbrechen, Durchfall
Avocado	enthält das Toxin Persin; mögliche Symptome und Konsequenzen nach Aufnahme: Herzmuskelschäden, Herzversagen, Tod
Hülsenfrüchte (roh)	enthalten im rohen Zustand das Gift Phasin; mögliche Symptome nach Verzehr: Erbrechen, Bauchkrämpfe, blutiger Durchfall
(Bitter-) Mandeln	enthalten Blausäure; Nervengift; mögliche Konsequenz nach Aufnahme: Atemstillstand
Eiklar (roh)	enthält das Protein Avidin; rohes Eiklar verfüttert bindet Biotin und verhindert seine Aufnahme in den Körper; mögliche Symptome nach Verzehr: Störungen des Stoffwechselprozesses und Blockierung der Aufnahme wichtiger Nährstoffe
Kartoffel (roh)	enthält das Toxin Solanin (besonders an den grünen Stellen, in der Kartoffelschale wie auch im Kochwasser enthalten); mögliche Symptome nach Aufnahme: Erbrechen, Durchfall
Knoblauch (roh, Pulver)	enthält Sulfide (N-Propyldisulfid); mögliche Konsequenz nach Aufnahme (als schädliche Menge gelten 5 g pro kg Körpergewicht): Zerstörung der roten Blutkörperchen, Blutarmut (Anämie)

Lebensmittel	Auswirkung
Kohlgemüse	mögliche Symptome nach Aufnahme: starke Blähungen
Macadamianuss	enthält hochgiftige cyanogene Glykoside, bereits vier Stück können Vergiftungserscheinungen bei einem mittelschweren Hund verursachen; mögliche Symptome nach Aufnahme: Steifheit, Probleme beim Laufen, Leberschädigung
Obstkern	enthält die toxischen Stoffe Amygdalin und Prunasin; mögliche Konsequenz und Symptome nach Aufnahme: Blockierung der Zellen durch Abspaltung der gefährlichen Blausäure im Stoffwechsel des Hundes, schweren neurologische Störungen
Rosine, Weintraube	Verzehr (die giftige Dosis liegt um 10 g pro kg Körpergewicht) führt zu einer drastischen Erhöhung des Calciumgehaltes im Blut, wodurch es zu hochgradig erhöhten Nierenwerten kommt; mögliche Symptome nach Aufnahme: Durchfall, Erbrechen, Lethargie, Nierenversagen
Schokolade, Kakao	enthält die giftige Substanz Theobromin – je höher der Kakaogehalt, desto höher der Anteil des Theobromins; mögliche Symptome und Konsequenz nach Aufnahme (ab einer Dosis von 100–300 mg/kg Körpergewicht): Herz-Kreislauf-Versagen, Tod Achtung: Bei kleinen Hunderassen können bereits wenige Stückchen Schokolade tödlich enden!
Schweinefleisch, Wildschweinfleisch (roh, schlecht gegart)	vom Verzehr von rohem oder schlecht gegartem Schweine- und Wildschweinfleisch wird generell abgeraten, da es möglicherweise den Aujeszky-Virus enthält; mögliche Konsequenz nach Aufnahme (falls der Krankheitserreger enthalten ist): u.U. Tod zwei Tage nach Auftreten der ersten gesundheitlichen Probleme
Süßstoff, Xylith	enthält den Zuckeraustauschstoff Xylit, der zu einer dramatischen Senkung des Blutzuckerspiegels führt; mögliche Symptome nach Aufnahme: Schwäche, Koordinationsschwierigkeiten und Krämpfe
Zwiebel	enthält Sulfide (N-Propyldisulfid), welche die roten Blutkörperchen zerstören (als schädliche Menge gelten 5 g pro kg Körpergewicht); mögliche Konsequenz nach Aufnahme: Blutarmut (Anämie)

Was tun, wenn es doch einmal passiert?

Hat der Hund trotz aller Vorsicht größere Mengen von gefährlichen oder giftigen Lebensmitteln zu sich genommen, empfiehlt sich folgende Vorgehensweise:

- Jegliche weitere Aufnahme des Lebensmittels stoppen und so schnell wie möglich einen Tierarzt aufsuchen!
- Wenn noch vorhanden, eine Probe des konsumierten Lebensmittels zum Tierarzt mitnehmen.
- Ruhig bleiben, eine Hysterie hilft niemanden weiter!
- Beruhigend auf den Hund einwirken!

Der beste Schutz vor der Aufnahme gesundheitsschädlicher Stoffe ist immer noch, den Hund unter Beobachtung zu füttern und gefährliche Lebensmittel stets außer Reichweite zu lagern.

Hundekräuter- und Gewürzgarten

In der Natur existieren viele Kräuter und Gewürze, die dem Körper gut tun. Sie fungieren als Immun-Booster, haben keimtötende oder parasitenwidrige Wirkung und beinhalten viele Vitamine und wichtige Mineralien.

Bereits die Vorfahren unserer Hunde haben den Vorteil der wohlschmeckenden Pflanzen für sich erkannt und sich bewusst auf die Suche nach Wildkräutern gemacht. Diesen Instinkt finden wir auch heute noch bei unseren Hunden, die sich gerade im Frühjahr immer wieder auf die Suche nach

schmackhaften, saftigen Gräsern machen, um durch die darin enthaltenen Ballaststoffe ihren Darm in Schwung zu bringen.

Kein Wunder also, dass Kräuter und Gewürze nicht nur den Geschmack der jeweiligen Ration verbessern können, sie fördern auch die Bekömmlichkeit der Nahrung und somit das Wohlbefinden unserer Vierbeiner.

Und das Beste daran: Viele davon wachsen direkt vor der Haustür, oder Sie können sie einfach und bequem zu Hause im Topf oder Garten anpflanzen.

Wir verraten Ihnen nun die gesündesten Pflänzchen für sich und Ihren Liebling, die Sie hin und wieder zur Bereicherung Ihrer und seiner Ernährungsgewohnheiten nutzen sollten. Wohl dosiert können diese den Speiseplan ihrer Fellnase wunderbar bereichern – ohne dem Tier damit zu schaden.

- *Basilikum:* verdauungsfördernd, antibakteriell, appetitfördernd, ideal auch bei Atemwegsbeschwerden. Nicht bei trächtigen Hündinnen anwenden!
- *Bockshornklee:* entzündungshemmend, antiseptisch, bei Allgemeinschwäche, zur Rekonvaleszenz, appetitanregend
- *Brennnessel:* entschlackend, stoffwechselanregend, harntreibend, unterstützend bei Allergien (nicht bei Pflanzenallergikern anwenden!), antirheumatisch, immunsystemfördernd
- *Brombeerblätter:* entzündungshemmend, blutreinigend, antibakteriell, stopfend bei Durchfall
- *Fenchel:* wirkt beruhigend auf den Magen-Darm-Trakt, appetitanregend, gegen Blähungen, unterstützend bei Entzündungen der oberen Atemwege

- *Gänseblümchen:* blutreinigend, verdauungsfördernd, stoffwechselanregend, unterstützend bei Hautproblemen und juckenden Ekzemen, lindernd bei Gelenksproblemen
- *Kamille:* unterstützend bei Entzündungen, bei akuten und chronischen Beschwerden im Magen-Darm-Trakt, krampflösend, wundheilungsfördernd und schmerzlindernd, hilfreich bei Zahnfleischentzündungen
- *Knoblauch:* wurmwidrige Eigenschaften, desinfizierend, wirkt blutdrucksenkend, hilft beim Aufbau einer gesunden Darmflora, verdauungsfördernd, appetitanregend. Bitte auf die Dosierung achten und in Maßen verfüttern! Die Menge richtet sich nach Gewicht und Größe des Tieres. Die toxische Dosis beträgt 5 g / kg Körpergewicht.
- *Koriander:* unterstützend bei Magen-Darmbeschwerden, krampflösend, bakterien- und pilzabtötend, am besten in Kombination mit Anis, Fenchel oder Kümmel anwenden
- *Lavendel:* beruhigend, entspannend, krampflösend, parasitenabwehrend, immunsystemfördernd, bei Haut- und Fellproblemen, bei Verdauungsstörungen
- *Löwenzahn:* bei Leberbeschwerden, Gallensteinen und Verdauungsstörungen, stärkend in der Rekonvaleszenz, blutreinigend, harntreibend und appetitanregend
- *Melisse:* beruhigend, krampflösend und bei nervös bedingten Verdauungsstörungen, unterstützend während der Läufigkeit

- *Oregano:* verdauungsfördernd, appetitanregend, desinfizierend, entwässernd
- *Petersilie:* natürliches Schmerzmittel, Giftstoffe ausleitend, krampflösend, verdauungsregulierend, unterstützend bei Blasen- und Nierensteinen, gegen Maulgeruch. Nicht bei trächtigen Hündinnen anwenden!
- *Pfefferminze:* beruhigend, antiseptisch, desinfizierend, wohltuend für den Magen-Darm-Trakt, bei hartnäckigem Maulgeruch. Nicht gleichzeitig bei der Gabe von homöopathischen Mitteln verabreichen!
- *Rosmarin:* anregend, belebend, Magensaftproduktion fördernd, bei Kreislaufproblemen. Nicht bei Hunden mit Epilepsie verabreichen!
- *Salbei:* antibakteriell, antiparasitär, unterstützend bei Entzündungen des Mauls und der Schleimhäute, bei Erkältungen, zur Steigerung der Konzentration und Aufmerksamkeit
- *Thymian:* stark antibiotisch, entzündungshemmend, appetitanregend, immunsystemstärkend, wohltuend bei Magenverstimmungen. Nur in kleine Mengen füttern!

Mengen Sie die frischen Kräuter am besten klein gehackt dem Futter bei, damit Ihr Hund in den vollen Genuss aller Inhaltsstoffe der Pflanzen kommt.

Bitte bedenken Sie, dass auch bei Kräutern und Gewürzen die zu verabreichende Menge das entscheidende Zünglein an der Waage in Bezug auf die Verträglichkeit ist. Denn wie bei der Verwendung von Salz (siehe Seite 23) in der Hundemahlzeit, gilt auch beim Hinzufügen von Kräutern und Gewürzen: Die Dosis macht das Gift.

Informieren Sie sich daher unbedingt zuerst bei Ihrem Tierernährungsberater oder bei Ihrem Tierarzt, wie oft die Pflanzen aus dem Hundekräuter- und -gewürzgarten und wie viele davon, frisch gerupft oder in verarbeiteter Form, in den Futternapf kommen sollen.

Sämtliche Kräuter und Gewürze werden frisch, etwa als Speisezusatz, Salat oder Smoothie verabreicht, getrocknet oder als Pulvers unters Futter gemischt. Mit einer kleinen Portion Ziegenmilchjoghurt oder mit etwas Honig vermischt, können Sie diese auch besonders mäkeligen Tieren unbemerkt ins Futter mischen (funktioniert auch beim zweibeinigen Liebling, wenn der nichts von der „guten Tat" mitbekommen soll, weil er seiner Meinung nach ohnehin schon total gesund lebt).

Superfood für Mensch und Tier

Obwohl diese gesunden Energielieferanten, in Trendsprache auch „Superfood" genannt, jeden Vierbeiner glücklich machen – denn das Superfood ist zugleich auch ein „Happyfood" –, bestechen diese auch noch durch ihre aufbauende, kräftigende und vitalisierende Wirkung.

Schon Hippokrates, der berühmteste Arzt des Altertums (um 400 v. Chr.), forderte dazu auf: *Lass Nahrung deine Medizin, und Medizin deine Nahrung sein.*"

Geprägt wurde der Begriff „Superfood" von dem US-amerikanischen Rohkost- und Ernährungsspezialisten *David Wolfe*, der

damit ursprüngliche, vollwertige Lebensmittel mit einem außergewöhnlich umfangreichen Nährstoffspektrum und einer hohen Konzentration an teils medizinisch wirksamen Inhaltsstoffen beschrieb.

Superfood kann das Wohlbefinden unterstützen und findet auch bei Krankheiten wie Allergien, Unverträglichkeiten, Arthritis, Asthma, Bluthochdruck, Depression oder Immunschwäche seinen Einsatz. Des Weiteren haben diese energiereichen Lebensmittel die Fähigkeit, bereits verloren geglaubte Energien zu aktivieren, Reserven zu mobilisieren und die Lebensfreude zu steigern. Sie stärken so das Immunsystem, reinigen den Organismus und harmonisieren den Säure-Basen-Haushalt.

- *Acai-Beeren:* Die mineralstoff- und vitaminreiche Frucht aus dem Amazonasgebiet kann einen effektiven Beitrag zur Normalisierung des Gleichgewichts der Vitalfunktionen bei Mensch und Tier leisten und stärkt obendrein das Immunsystem. Die Beeren sind auch als Pulver erhältlich, das Sie Ihrem Vierbeiner unter das Futter mischen können.

- *Algen (Chlorella und Spirulina): Chlorella* verdankt ihren Namen, ihrem außergewöhnlich hohen Chlorophyllgehalt und ist als Nahrungsergänzungsmittel sowohl für den Hund als auch für den Menschen hochgeschätzt. Die Alge ist extrem reich an Vitaminen, Mineralien, Aminosäuren und essenziellen Fettsäuren. Das darin enthaltene Chlorophyll enthält Enzyme, die den Organismus in sämtlichen Funktionen unterstützen. Sie ist bekannt für ihre Wirkung gegen freie Radikale, fördert die Entgiftung und die Verdauungstätigkeit. *Spirulina* ist eine sogenannte Mikroalge und die Königin der Proteine. Sie enthält die höchste Konzentration von Eiweiß aller bekannten Lebensmittel. Außerdem beinhaltet Spirulina über 50 Vitalstoffe (Vitamine, Mineralien und Spurenelemente sowie Aminosäuren). Mit einer großen Menge an Antioxidantien ist sie außerdem ein Immunsystem-Booster. Beide Algen (*Chlorella* und *Spirulina*) sind in Pulverform, für Menschen auch als Kapseln erhältlich.

Chia-Samen: Die Power-Samen sind überdurchschnittlich reich an Antioxidantien, Proteinen, Ballaststoffen, Vitaminen und Mineralstoffen. Bereits bei den Azteken kamen die unscheinbaren schwarzen Körnchen als Tierfutter zum Einsatz. Chia-Samen stärken nicht nur das Immunsystem, sondern unterstützen die Heilung von Entzündungen von innen heraus. Sie stabilisieren den Blutzuckerspiegel und können bei Verdauungsbeschwerden, wie Erbrechen und Durchfall, für Abhilfe sorgen. Die geschmacksneutralen Samen werden dem Menschen beispielsweise ins Müsli, dem Vierbeiner vorher eingeweicht ins Futter gemischt. Sind einmal keine Chia-Samen zur Hand, kann man auch zu der regionalen, preislich doch günstigeren Variante Leinsamen greifen. Leinsamen muss jedoch im Gegensatz zu Chia-Samen zuerst geschrotet werden, um mit Flüssigkeit aufquellen zu können und ist dadurch nicht so lange haltbar.

Gerstengras: Die Pflanze aus der Familie der Süßgräser liefert konzentrierte, natürliche Lebenskraft. Die Fülle der darin enthaltenen Mineralien und Enzymen hilft dabei, das Säure-Basen-Gleichgewicht aufrechtzuerhalten und eine Übersäuerung abzubauen. Des Weiteren bietet es eine tolle blut- und körperreinigende Wirkung. Als Pulver ins Futter gemischt wird Gerstengras von vielen Hunden bereitwillig aufgenommen.

Goji-Beeren: Die Goji-Beere heißt auch „Bocksdornfrucht" und stammt ursprünglich aus dem asiatischen Raum. Die Früchte gelten als Vitalstoffbomben und enthalten zahlreiche Antioxidantien, Vitamine, Mineralien, Spurenelemente und Aminosäuren. Seit jeher sind sie Bestandteil der Traditionellen Chinesischen Medizin. Zu verdanken haben sie das ihrem reichhaltigen Mix an Nähr- und Vitalstoffen, der ihnen regelrecht den Ruf eines Jungbrunnens beschert. Neben ihrer zellschützenden Wirkung stimuliert die kleine rote Frucht außerdem das Immunsystem und trägt zur Senkung des Cholesterinspiegels bei. Für Hunde existieren die Beeren in Form eines Extrakts, da sie die ganzen Beeren in getrockneter Form nur schlecht verwerten können.

Granatapfelkerne: Die Kerne im Inneren des Granatapfels wirken zellregulierend, beugen Herz-Kreislauf-Erkrankungen vor, lindern Arthritis und sind hervorragende Antioxidantien. Beheimatet ist der Granatapfel im westlichen bis mittleren Asien und

Mythos Salz:

Es ist ein weitverbreiteter Irrtum, dass Hunde kein Salz vertragen und daher auch niemals, niemals „Menschenessen" zu sich nehmen dürfen. Tatsächlich benötigen auch Vierbeiner geringe Mengen an Salz (Ausnahme: herz- und nierenkranke Vierbeiner), um ein gut balanciertes Natrium-Kalium-Verhältnis aufrecht zu erhalten. Darüber hinaus finden sich Chlorionen in hoher Konzentration in der Magensäure. Salz ist somit unentbehrlich für die Verdauung des Hundes. Auch Muskeln und Nerven sind auf das Mineral angewiesen. Die gefürchtete „Salzvergiftung" tritt nur dann auf, wenn bei Verzehr nicht genügend Flüssigkeit zur Verfügung steht. Überschüsse scheidet der Körper nämlich in Verbindung mit Wasser über die Nieren aus.

Hunde, die mit rohem Fleisch gefüttert werden, holen sich ihre Ration zumeist aus dem frischen Blut, doch gekochtes Futter sollte unbedingt leicht gesalzen werden. Verwenden Sie hierfür bitte kein Kochsalz, sondern greifen Sie zu natürlichen Varianten wie Meersalz oder Himalayasalz.

gewann in den letzten Jahren auch in unseren Breiten immer mehr an Beliebtheit. Der Granatapfel ist ebenfalls ein gutes Mittel gegen Hefepilze (Candida albicans). Die Kerne werden aus der frischen Frucht gelöst und unter das Futter gemischt, alternativ gibt es sie auch als Saft.

Heidelbeeren: Die blauen Früchte des Heidekrautgewächses, auch Blaubeeren genannt, sind kleine antioxidative Kraftwerke der Natur, welche die Auswirkungen schädlicher freier Radikale vermindern und damit als Anti-Aging-Mittel den oxidativen Stress auf die Körperzellen bekämpfen. Sie unterstützen außerdem eine gesunde Darmtätigkeit, schützen vor Harnwegserkrankungen und dienen der Krebsvorbeugung. Ihrem Hund können Sie die fast geschmacksneutralen Beeren, mit der Gabel zerdrückt, problemlos unter das Futter mischen.

Kokos: Kokosöl besteht zu über 99 % aus gesättigten, mittelkettigen Fettsäuren, welche dem Öl seine außergewöhnlichen Eigenschaften verleihen. Biologisches Kokosöl ist – wie auch die Muttermilch – reich an Laurinsäure, welche eine antimikrobielle Wirkung gegen Bakterien, Hefen, Pilze und bestimmte Viren aufweist. Diese Eigenschaft macht den Einsatz von Kokosöl bei unseren Hunden besonders interessant. Nicht nur Kokosöl, sondern auch das Fruchtfleisch der Kokosnuss kann den Speiseplan unserer Vierbeiner sinnvoll ergänzen. Ihr hoher Faserstoffanteil wirkt sich positiv auf einen trägen Darm aus. Kokosöl beugt außerdem Hauterkrankungen vor, stärkt das Immunsystem und sorgt für einen guten Stoffwechsel.

Kurkuma: Kurkuma, das beliebteste Gewürz Indiens, ist auch bei Wissenschaftlern gerade sehr angesagt. Sie erforschen seine Wirkung zum Beispiel bei Arthrose, Allergien, Verdauungsbeschwerden oder Leberproblemen bei Mensch und Tier – mit erstaunlichen Ergebnissen. Der enthaltene Wirkstoff Kurkumin hat ein ganz besonderes, umfassendes Wirkungsspektrum: hochwirksamer Antioxidant, entzündungshemmende Eigenschaften, antibiotisch und antiviral, schmerzlindernd, Schutz vor Toxinen und freien Radikalen, Unterstützung und Verbesserung der Stresstoleranz und vieles mehr. Dem Gewürz wird zudem eine Heilwirkung bei IBD (inflammatory bowel disease) bei Hunden nachgesagt.

- *Quinoa:* Das glutenfreie „Gold der Inka" und die „Mutter aller Körner" wird aufgrund ihrer wertvollen Inhaltsstoffe, essenziellen Aminosäuren, krankheitsbekämpfenden Antioxidantien sowie zahlreichen Mineralien, von der NASA als Überlebensvorrat im All genutzt. Die Samen des Gänsefuchsgewächses aus Südamerika verfügen über einen besonders hohen Nährstoffgehalt, sind glutenfrei, basisch, reduzieren hohe Cholesterinwerte, senken den Blutzuckeranstieg, unterstützen eine gesunde Verdauung und verleihen Energie. Der Verzehr erfolgt gekocht als Reisersatz.

Zum Superfood, das Sie selbst häufiger essen und auch Ihrem Vierbeiner hin und wieder in geeigneter Form auftischen sollten, zählen außerdem Amaranth, Brokkoli, Buchweizen, Gelee Royal, Ginseng, Hagebutten, Hanfsamen, Ingwer (aufgrund der Schärfe für den Hund nur in geringen Men-

Auf Nummer sicher gehen

Sind Sie unsicher bei der Ermittlung der idealen Futtermenge Ihres Lieblings? Oder möchten Sie wissen, ob Ihre Menü-Kreation wirklich alle Nährstoffe enthält, die Ihr Hund täglich benötigt? Dann lassen Sie Ihre Mahlzeit einfach von einem Tierernährungsberater oder einem ernährungskundigen Tierarzt überprüfen.

gen geeignet), Kürbiskerne, Maroni (Esskastanien), Rote Bete, Sellerie, Sonnenblumenkerne und Zucchini.

Bereichern Sie den Futternapf Ihres Hundes mit den Kraftpaketen aus der Natur. Informieren Sie sich jedoch zuerst bei Ihrem Tierernährungsberater oder bei Ihrem Tierarzt, welches Superfood für Ihren vierbeinigen Liebling am besten geeignet ist und in welcher Dosierung dieses zur Anwendung kommen soll.

Die richtige Futtermenge für meinen Hund

Hund ist nicht gleich Hund: Neben den berechtigten Fragen, was und wie gefüttert werden soll, ist ebenso die Frage, wie viel Nahrung der Hund täglich zu bekommen hat, ein wesentlicher Aspekt.

Der adulte, gesunde, normal aktive und idealgewichtige Hund benötigt für seinen Erhaltungsbedarf in etwa zwei bis vier Prozent seines Körpergewichts pro Tag an Futter.

— 24 —

Beispiel: adulter, gesunder, aktiver Hund, Gewicht 15 kg:

$$15.000\,g \times 3\% = 450\,g$$

Die zu ermittelnde Futtermenge orientiert sich dabei stets an folgenden Faktoren und muss daran angepasst werden:

- Alter
- Ernährungsphysiologischer Zustand/ Gewicht
- Rasse
- Geschlecht
- Haltung
- Klima
- Aktivität
- Krankheit

Bei der Ermittlung der jeweiligen Futtermenge ist das entscheidende Ziel, das Idealgewicht Ihres Lieblings zu halten. Damit die tierische Linie nicht aus den Fugen gerät, wiegen Sie Ihren Hund einmal pro Woche ab und beobachten seine Gewichtsentwicklung. Wird das optimale Gewicht unter- oder überschritten, muss die Futtermenge entsprechend des individuellen Energiebedarfs um 20 Prozent erhöht bzw. reduziert werden. Die Menge der Ergänzungen ist davon allerdings nicht betroffen und bleibt unverändert (z.B. vitaminisierte Mineralstoffmischung).

 **45–55% Kohlenhydrate** (z.B. Reis, Nudeln, Kartoffeln, Gemüse, Obst, ...)

 **35–45% Eiweißreiche Futtermittel** (z.B. Fleisch, Fisch, Milchprodukte, Eier, ...)

 **2–5% Rohfaserreiche Ergänzungen** (z.B. Weizenkleie, Obst, Gemüse, ...)

 **Ca. 5% Fette/Öle** (z.B. Fischöl, pflanzliche Öle, Rindertalg, ...) Minimum: ca. 0,3 g/kg Körpergewicht pro Tag

 **Vitaminisiertes Mineralfutter** mit ca. 20% Kalzium; ca. 0,5 g/kg Körpergewicht bzw. laut Herstellerangabe

Selbst zubereitete Rationen können nach dem Futtermittel-Baukastenprinzip nach Meyer/ Zentek aus verschiedenen Komponenten (Einzelfuttermitteln) zusammengesetzt werden.

Um für den Hund ein ausgewogenes Gericht zuzubereiten, empfiehlt sich der folgende Futtermittelbaukasten als Orientierungshilfe zur Konzeption einer selbst gekochten Ration.

Einfaches Rezeptbeispiel als Orientierungshilfe für die Zusammenstellung einer eigenen Ration

Hund, adult, gesund, idealgewichtig: 10 kg Körpergewicht
Tagesfuttermenge: 400 g
- 120 g Fleisch/ Fisch (Rohgewicht, z.B. Hühnchenbrust mit Haut)
- 60 g Milchprodukte (z.B. Hüttenkäse)
- 60 g gekochte Kohlenhydrate (z.B. Nudeln)
- 75 g Gemüse (z.B. Zucchini)
- 75 g Obst (z.B. Apfel)
- 7 g Fette/ Öle (z.B. Leinöl)
- 5 g vitaminisiertes Mineralfutter mit ca. 20 % Calcium

Einmal Detox, bitte!

Jede Fütterung mit frischen Nahrungsmitteln kann – wie auch bei uns Menschen – beim Hund einen Detox-Prozess einleiten, wobei sich der Körper angesammelter Gifte entledigt. Diese „Entgiftung" verhilft zu mehr Wohlbefinden und Vitalität. Auch hier ist wieder anzumerken, dass die Reaktion bei der Umstellung von industriellem Futtermittel auf selbst zubereitete Mahlzeiten je nach Hund variieren kann. Damit

dieser Wechsel nicht allzu großen Stress für Ihren Liebling bedeutet, ist es ratsam, diesen langsam durchzuführen. So kann sich der Verdauungstrakt des Vierbeiners optimal auf die neue Futtermethodik einstellen.

1. Phase:
Wählen Sie ein Menü für Ihren Liebling, das idealerweise die gleiche Proteinquelle wie Ihr Fertigfuttermittel beinhaltet. Beginnen Sie in den ersten Tagen damit, die selbst zubereitete Nahrung immer wieder als Leckerli anzubieten. Der Hund verbindet so mit dem neuen Futter nicht nur ein positives Erlebnis (Belohnungseffekt!), sondern auch der Organismus lernt so die neue Futterart stückchenweise kennen und lieben.

2. Phase:
Ersetzen Sie dann für ca. eine Woche eine Mahlzeit pro Tag (bei zwei Mahlzeiten täglich) mit der selbst gekochten Ration. Beobachten Sie Ihren Hund, wie er auf diese Umstellung reagiert und verlangsamen Sie diese, falls erforderlich.

3. Phase:
Kommt es während des anfänglichen Wechsels zu keinen Umstellungsherausforderungen wie etwa Verdauungsproblemen, können Sie in der darauffolgenden Woche auch die zweite Mahlzeit mit einer selbst gekochten Ration ersetzen.

4. Phase:
Wird auch die komplette Futtermenge an gekochten Mahlzeiten gut vertragen, können Sie danach beginnen, die Menüs in ihrer Zusammensetzung abwechslungsreich zu gestalten.

Wichtiger Hinweis zu den Rezepten

Bei der Umsetzung dieses Buches war es uns ein besonderes Anliegen, abwechslungsreiche Beispiele für einfach und rasch zubereitete Alltagsspeisen zu bringen und diese für den Hund artgerecht zu übersetzen.

Alle Rezepte sind für ein Hund-Halter-Team gedacht, also für einen Vier- und einen Zweibeiner (außer, es ist anders vermerkt). Steht eine Fressorgie mit einem Übermaß an lukullischen Genüssen oder eine tierische Party auf dem Programm, können Mengen und Zutaten einfach multipliziert werden.

Bitte beachten Sie, dass natürlich nicht alle Rezepte Kochanleitungen für vollwertige Hundegerichte darstellen: Die Kapitel Smoothies, Vorspeisen, Desserts und Buddy Dog sind als besondere Belohnung gedacht, diese Köstlichkeiten sollen keinen Ersatz für eine komplette Mahlzeit darstellen.

Anders verhält es sich jedoch bei den Hauptspeisen, bei denen es sich, dem Hund abwechselnd gefüttert, um bedarfsgerechte Speisen handelt. Die verwendeten Zutaten unterscheiden sich nur minimal von der Variante für Zweibeiner.

So werden Sie im Handumdrehen zum Sternekoch für Ihren Hund – mit gutem Gewissen!

Bei den Lesern aus Österreich bitten wir um Gnade, weil wir u.a. die Karotte eliminieren und zur Möhre machen mussten – aber schließlich wollen wir auch die deutschen Vierbeiner und ihre Halter mit unseren Leckereien glücklich machen. Und so gibt es im Buch außerdem beispielsweise Quark und Frikadellen. Sollten Unklarheiten auftreten, stehen die Autorinnen mit Rat, Tat und Übersetzung zur Seite, ebenso die Verleger.

Vermutlich müssten wir es nicht gesondert erwähnen (weil es für uns besonders wichtig ist, tun wir es an dieser Stelle dennoch): Achten Sie bei allen Zutaten auf beste Qualität – greifen Sie im Idealfall zu Bio-Produkten. Jeder Mensch ist es sich und auch seinem Haustier schuldig, industriell verarbeitete Nahrungsmittel, die voll mit Chemikalien und künstlichen Zusätzen sind, zu meiden.

> ### Ausrichtung der nachfolgenden Rezepte:
> Alle Rezepte sind Beispiele für Mahlzeiten für einen adulten, normal aktiven, gesunden Hund mit ca. 15 kg Körpergewicht.

Rezepte

BUDDY DOG ALLERLEI FÜR DAS KUMPEL-TEAM

Erdbeer-Wuffeis (für laue Sommerabende)

Zubereitung für Hund und Mensch

Erdbeeren waschen, putzen und pürieren. In einer Schüssel mit Quark und Kokosmilch vermengen. Masse in einen leeren Joghurtbecher einfüllen und über Nacht abgedeckt im Kühlschrank durchfrosten lassen.

🕐 10 Min.

Zutaten

70 g Erdbeeren
2 EL Quark
1 EL Kokosmilch

Tool Tipp

Für ein „Hunde-Eis am Stiel" einfach einen Kaustick in die noch weiche Masse stecken, bevor sie in den Gefrierschrank wandert. Dieser kann später gleich mit vernascht werden.

Mediterraner Sommersalat (im Urlaub)

Zubereitung für Hund und Mensch

Gurken und Schafkäse würfeln und gemeinsam mit den Oliven auf dem Blattsalat platzieren. Feige in kleine Spalten schneiden und kurz in Sonnenblumenöl anschwitzen. Mit den gehackten Basilikum- (nicht bei trächtigen Hündinnen!) und Oregano-Blättern garnieren.

Für Vierbeiner bietet dieser Salat eine erfrischende Ergänzung zu einem selbst zubereiteten Menü (siehe Hauptspeisen).

Den Salat für Zweibeiner mit einem Dressing aus Olivenöl, Salz, Balsamico-Essig und etwas Wasser krönen.

🕐 15 Min.

Zutaten

Für den Salat

2 Handvoll Blattsalat
1 Gurke
1 Feige
3 Oliven, entsteint
50 g Schafkäse (Natur)
2 Blätter frisches Basilikum, gehackt
5 Blätter frischen Oregano, gehackt
1 EL Sonnenblumenöl

Für das Dressing

1 EL Olivenöl
1 EL Balsamico Essig
50 ml Wasser
1 Pr. Salz

Seelentröster-Bä(ee)rchen (für den „Mädelsabend")

Zubereitung für Hund und Mensch

Beerenmischung ca. 5 Minuten im Wasser kochen, noch warm pürieren und die Mischung danach gut durch ein engmaschiges Sieb seihen. Anschließend das Agar-Agar in den noch warmen Fruchtsaft einrühren. Masse sofort und noch warm in Silikon- oder Eiswürfelformen mit dementsprechendem Bären-Motiv füllen, Oberfläche mit einem Messer glatt streichen und über Nacht kalt stellen. Am nächsten Tag den Inhalt aus der Form (diese sollte flexibel sein, z.B. aus Silikon, damit sich die gehärteten Bärchen problemlos herausdrücken lassen) lösen.

Je länger die noch feuchten Seelentröster Bee(ä)rchen nachtrocknen dürfen, desto fester werden sie.

🕐 15 Min.

Zutaten

250 g Beerenmix (Erdbeeren, Himbeeren, Brombeeren)

10 g Agar-Agar (pflanzliche Gelatine aus Algen)

200 ml Wasser

— 35 —

Chips „Vampirello" (für den „Herrenabend")

Zubereitung für Hund und Mensch

Den Ofen auf 150 Grad (Ober-/Unterhitze) vorheizen und das Blech mit Backpapier auslegen. Rote Bete schälen, in 2 Millimeter dünne Scheiben hobeln und trocken tupfen. Die Scheiben auf dem Blech so anordnen, dass sie nicht übereinanderliegen. Mit etwas Öl bestreichen und leicht salzen. Anschließend ca. 50 Minuten im Ofen backen.

Den vollen Knuspergenuss erreicht man, wenn man die blutroten Chips anschließend ein paar Minuten auskühlen und nachtrocknen lässt.

🕐 60 Min.

Zutaten

400 g rote Bete
1 Pr. Salz
1 EL Rapsöl

Tool Tipp

Chips-Varianten aus in Scheiben geschnittenen Süßkartoffeln, Kartoffeln oder Zucchini bringen nicht nur tierische Abwechslung ins Knabbervergnügen, sondern machen sich auch gut als Trainings-Leckerli oder Belohnung für Zwischendurch.

Hüttenkäse-Cracker (für den gemütlichen Spieleabend)

Zubereitung für Hund und Mensch

Den Ofen auf 220 Grad (Ober-/Unterhitze) vorheizen und das Blech mit Backpapier auslegen. Thymian hacken und mit Hüttenkäse, Kokosmehl, Ei und Salz vermengen. Kleine Teighäufchen formen, auf das Backpapier legen und flachdrücken. Mit etwas Butter bestreichen und mit geriebenem Käse bestreuen. Danach im Backrohr bei 180 Grad für 20 Minuten backen. Anschließend die Temperatur auf 150 Grad erhöhen und für weitere 5 Minuten bei Oberhitze weiterbacken, bis die Cracker eine schöne, goldgelbe Bräune erhalten.

🕐 30 Min.

Zutaten

100 g Hüttenkäse
100 g Kokosmehl
100 g Butter
1 Ei
1 TL frischer Thymian
1 Pr. Salz
1 TL geriebener Käse zum Bestreuen (z.B. Gauda)

Brezen „Bello" (für Oktoberfest-Fans)

Zubereitung für Hund und Mensch

Ofen auf 180 Grad (Ober-/Unterhitze) vorheizen und das Blech mit Backpapier auslegen. Eier trennen. Butter, Eigelb und Sahne miteinander schaumig rühren. Anschließend das Buchweizenmehl unter die Masse heben und den Teig für ca. 60 Minuten kühl rasten lassen.

Danach den Teig in gleich große Stücke teilen. Die einzelnen Teigstücke mit der Hand in kleine Stränge rollen und zu Brezen formen. Auf das Backpapier legen, mit Eiweiß bestreichen und Parmesan bestreuen. Die Brezen ca. 30 Minuten goldbraun backen.

🕐 25 Min.

Zutaten

300 g Buchweizenmehl
150 g Butter
2 Eigelb
2 EL Rahm
1 TL Parmesan zum Bestreuen

Tool Tipp

Wer das Oktoberfest richtig zünftig mit Bier feiern will, der „braut" natürlich auch eines für seinen Vierbeiner: Dafür zwei bis drei Aprikosen entkernen und mit ca. 250 ml Gemüsebrühe pürieren. Für die stilechte, stabile Schaumkrone: 1 Teil Sahne und 1 Teil Buttermilch mit einem Mixer aufschlagen und das Hundebier mit diesem Topping krönen.

Kumpel-Pizza (für Strohwitwen Abende)

Zubereitung für Hund und Mensch

Pizzaboden

Für den Pizzaboden die Chia-Samen in warmem Wasser 15 Minuten quellen lassen, dabei gelegentlich umrühren. Nach kurzer Zeit bildet sich ein Gelee mit klebriger Konsistenz. Den Ofen währenddessen auf 200 Grad (Ober-/Unterhitze) vorheizen. Leinsamenschrot, Salz und Oregano zum „Chia-Gelee" hinzufügen und vermengen. Die gesamte Masse 5 Minuten ziehen lassen. Anschließend das Gelee auf ein Stück Backpapier leeren, mit Frischhaltefolie bedecken und mit einem Nudelholz gleichmäßig dünn ausrollen (Rand ca. 1 Finger breit freilassen).

Das Backpapier mit dem ausgerollten Teig auf einem Backblech in den vorgeheizten Ofen geben und 10 Minuten vorbacken. Danach den Teig aus dem Ofen nehmen, mit dem Backpapier nach oben auf einer Fläche ablegen und vorsichtig abziehen. Den Teig wenden und auf einem neuen Stück Backpapier auf das Blech legen.

Pizzabelag

Den Pizzabelag nach Belieben gestalten – etwa mit Tomatenmark, dünnen Mozarella-Scheiben und Basilikumblättern. Gewürzt werden kann mit einer Prise Salz und Oregano. Den belegten Teig im Ofen ca. 15 Minuten bei Oberhitze knusprig backen.

🕐 90 Min.

Zutaten

Für den Pizzaboden

150 g Leinsamenschrot
14 g Chia-Samen
1 EL Buchweizenmehl
1 Pr. Salz
1 Pr. Oregano
140 ml warmes Wasser

Für den Belag

20 g Mozzarella
1 El Tomatenmark
2 Blätter Basilikum

Kurioses

In der italienischen Toskana lebt ein Rudel verwilderter Haushunde, die von engagierten Tierschützern mit übriggebliebener Pizza aus den Lokalen gefüttert werden (sie jagen kaum, weil sie ganz versessen auf die Leckerei sind). Aus diesem Grund tragen diese Tiere die Bezeichnung „Pizza-Hunde".

Putenstreifen mit Crème frâiche und Gemüse (für den Gourmet-Abend)

Zubereitung für Hund und Mensch

Den Reis weich kochen. Putenfleisch waschen und in feine Streifen schneiden. Die Möhren und Zucchini würfeln und 15 Minuten dünsten. Während der letzten 5 Minuten die Putenstreifen hinzufügen und mit garen. Brühe bis auf einen kleinen Rest im Topf abschöpfen und etwa 5 Minuten später den Frischkäse und die Crème fraîche einrühren (Brühe soll dabei nicht mehr wallen), sodass eine feine Sauce entsteht. Mit Kräutern der Provence verfeinern und einer Portion weich gekochtem Reis servieren.

🕐 5 Min.

Zutaten

500 g Putenfleisch

50 g Frischkäse

50 g Crème fraîche

100 g Möhren

50 g Zucchini

1 TL frische Kräuter der Provence (1 Teil Thymian, 1 Teil Fenchel, 1 Teil Rosmarin)

1 Tasse Reis

Steckerlfisch (für den Camping-Ausflug)

Zubereitung für Hund und Mensch

Für den Steckerlfisch zunächst die Bachforelle abspülen und mit Küchenrolle vorsichtig trocken tupfen. Den Fischbauch mit etwas Salz und Rosmarin würzen und ca. 30 Minuten einziehen lassen. Den Fisch auf ein Holzspießchen (alternativ kann auch ein kleiner Ast genommen werden) stecken und über dem Feuer (oder auf dem Grill) knusprig braten. Den fertigen Steckerlfisch vom Holzstäbchen ablösen und am Teller filetieren. Für Vierbeiner bitte darauf achten, dass der Fisch bei der Fütterung unbedingt grätenfrei (!) ist.

🕐 20 Min.

Zutaten

1 Bachforelle
1 Pr. Salz
1 Pr. Rosmarin

Tool Tipp

Fisch ist eine tolle Alternative zu Fleisch und verfügt über einen hohen Gehalt an wertvollen Omega-3- und Omega-6-Fettsäuren. Wer es besonders naturbelassen mag, kann ganz dem Beutetier-Schema entsprechend seinem Hund den Fisch auch gerne roh im Ganzen verfüttern – mit Innereien und Gräten.

Panierte Hühnersticks (für das Familien-Picknick im Grünen)

Zubereitung für Hund und Mensch

Hühnerbrust waschen, trocken tupfen und in feine Streifen schneiden. Zum Panieren drei Teller mit je Buchweizenmehl, geschlagenen Eiern und gehackten Kürbiskernen vorbereiten. Die Hühnerbruststreifen nacheinander bemehlen, in die Ei-Mischung tauchen und in den Kürbiskernen beidseitig panieren. Die Hühnersticks anschließend in heißem Butterschmalz langsam goldbraun backen.

🕐 20 Min.

Zutaten

500 g Hühnerbrust
2 Eier
100 g Buchweizenmehl
150 g Kürbiskerne grob gemahlen
1 TL Butterschmalz

Tool Tipp

Wer seinem Vierbeiner ein besonderes Picknick-Highlight bescheren möchte, legt für ihn im Gras einen Schnüffelpfad aus. Hierfür werden einfach kleine Stücke der Hühnersticks mit etwas Abstand im Gras versteckt. Schnüffelspiele, bei denen Ihr Vierbeiner Leckerlis entdecken und fressen darf, sind großartig und können ihn zwischendurch geistig auslasten.

Burger „WAU" (für das BBQ mit Freunden)

Zubereitung für Hund und Mensch

Quinoa nach Packungsanleitung kochen. Möhren klein hacken und alle Zutaten miteinander vermengen. (Für Zweibeiner können die Frikadellen mit Salz und Pfeffer abgeschmeckt werden.) Masse zu Frikadellen formen und grillen.

🕐 30 Min.

Zutaten

500 g rohes Rinderhack-
   fleisch
100 g Möhren
125 g Quinoa
2 Eier
1 TL Rapsöl
1 TL Petersilie
1 Pr. Salz
1 Pr. Pfeffer

Garnitur für Zweibeiner

1 Brötchen
2 Salatblätter
5 Zwiebelringe
2 Tomatenscheiben

Kurioses

Zum Thema Fast Food: Der Name „Hotdog" basiert nicht auf der Legende, dass die Würstchen früher aus Hundefleisch bestanden. Er beruht vielmehr auf der Tatsache, dass die deutschen Metzger in den USA „würstchenförmige Hunde" (die sogenannten „sausage dogs", also Dackel) hielten. Und als das Würstchen im Brötchen Ende des 19. Jahrhunderts salonfähig wurde, entstand aus der Assoziation heraus die Bezeichnung für die neue Leckerei, die damals wie heute an jeder Straßenecke angeboten wurde.

Anti-Kater-Frühstück „Popeye" (für den Morgen danach)

Zubereitung für Hund und Mensch

Für die Pancakes den Spinat in Rapsöl kurz anbraten. Einen Teil davon für den Hund beiseitelegen. Zum restlichen Spinat in der Pfanne den gehackten Knoblauch hinzufügen und nochmals kurz anbraten. Buchweizenmehl, Ziegenmilch und Eier zu einer Masse schlagen. Aus dem Teig je eine Schöpfkelle in Kokosöl zu kleinen goldbraunen Pancakes backen. Mit dem Spinat belegen. Für Zweibeiner mit Salz und Pfeffer abschmecken.

🕐 30 Min.

Zutaten

200 g Buchweizenmehl
200 ml Ziegenmilch
1 Ei
1 Pr. Salz
1 Handvoll Spinatblätter
1 EL Rapsöl
1 TL Kokosöl
½ Knoblauchzehe
1 Pr. Salz
1 Pr. Pfeffer

Tool Tipp

Der beste Anti-Kater-Drink für Zweibeiner, der aber auch zu jeder anderen Gelegenheit wunderbar schmeckt: 2 Scheiben Zuckermelone würfeln, pürieren, mit 500 ml Wasser auffüllen und eine Messerspitze Ingwer frisch von der Wurzel in das Mixgetränk schaben.

Bratapfel-Keksi
(vor dem Weihnachtsbaum)

Zubereitung für Hund und Mensch

Ofen auf 200 Grad (Ober-/Unterhitze) vorheizen und das Blech mit Backpapier auslegen. Äpfel schälen, entkernen und grob raspeln. Die Masse anschließend in 1 EL Kokosöl anbraten. Die gebratenen Äpfel mit dem Buchweizenmehl, den Haferflocken, den beiden Eiern, der Butter und dem Honig in eine Schüssel geben, und mit dem Knethaken vermengen, etwas Wasser hineintröpfeln und weiterrühren, bis eine leicht elastische Konsistenz entsteht. Mit der Hand kleine Kugeln formen, flachdrücken und mit etwas Kokosraspeln bestreuen. Kekse 30 bis 35 Minuten goldbraun backen.

🕐 1 Std.

Zutaten

2 geriebene Äpfel süß
150 g Buchweizenmehl
75 g Haferflocken
2 Eier
100 g Butter
1 TL Honig
1 EL Kokosöl
1 TL Kokosraspeln

Tool Tipp

Die Kekse für den Menschen können zusätzlich mit Zimt und Staubzucker verfeinert werden.

Bananen-Crispys
(zum Snacken zwischendurch)

Zubereitung für Hund und Mensch

Banane mit Honig und Quark pürieren. Den Maisgries so lange einarbeiten, bis die Masse nicht mehr klebt. Ofen auf 175 Grad (Ober-/Unterhitze) vorheizen und das Blech mit Backpapier auslegen. Den Teig ausrollen, Teile davon abschneiden und zu Kugeln formen. Bällchen auf das Blech legen und mit einer Gabel flachdrücken. Für 20 bis 30 Minuten backen. Anschließend bei Oberhitze weitere 3 Minuten bräunen.

🕐 45 Min.

Zutaten

1 überreife Banane
1 EL Honig
220 g Maisgries
250 g Quark

— 56 —

Eggnog (für den Heiligen Abend)

Zubereitung für Hund und Mensch

Alle Zutaten miteinander pürieren, bis das Getränk schön schaumig ist.

Für Zweibeiner kann der Eggnog mit einem Schuss Eierlikör verfeinert werden.

🕐 10 Min.

Zutaten

100 ml Ziegenmilchjoghurt
100 ml Kokosmilch
1 Eigelb
1 überreife Banane
1 Pr. Vanille (aus der halbierten, getrockneten Schote)

SMOOTHIES & ERFRISCHUNGEN

Cool Down!

Zubereitung für Hund und Mensch

Teemischung ca. 10 Minuten ziehen, danach abkühlen lassen und mit dem Wasser aufgießen. Melonenscheiben und Gurkenscheiben in kleine Stücke schneiden und zufügen.

Für den menschlichen Genuss wird die Mischung ca. 1 Stunde lang in den Eisschrank gestellt.

🕐 15 Min.

Zutaten

220 g überreife Wassermelone, entkernt
120 g Gurke
100 ml Teemischung aus Minze, Zitronenmelisse, Salbei
200 ml Wasser

Tool Tipp

Minze, Zitronenmelisse und Salbei wirken besonders kühlend (TCM = Traditionelle Chinesische Medizin) und beruhigend. Wassermelone und Gurke erfrischen von innen, weshalb dieses Getränk besonders gut an heißen Tagen als Alternative im Wassernapf geeignet ist, und zudem zum Trinken anregt.

Detox-Smoothie

Zubereitung für Hund und Mensch

Gemüse und Obst waschen, klein schneiden und mit Rucola, den Basilikumblättern und der Kokosmilch pürieren. Mit Wasser aufgießen.

🕐 10 Min.

Zutaten

1 Artischocke
½ Gurke
1 Apfel (süß)
2-3 Blätter Basilikum
1 Handvoll Rucola
100 ml Kokosmilch
250 ml Ziegenmilch

Tool Tipp

Dieser Smoothie ist reich an Antioxidantien, versorgt den Körper mit Vitamin C und Beta-Karotin und regt den Stoffwechsel an. Ein täglicher Genuss, der auch zur Steigerung des körperlichen Wohlbefindens von Mensch und Tier beitragen kann.

Achtung!
Basilikum wird nicht bei trächtigen Hündinnen empfohlen.

Energy-Boosting

Zubereitung für Hund und Mensch

Gemüse und Obst waschen, klein schneiden und mit Chia Samen, Spinat, Leinöl und Schafmilchjoghurt pürieren. Mit Wasser aufgießen und nochmals durchmixen.

Nach Verzehr dieses Smoothies fühlt man sich einfach pudelwohl und jeder Herausforderung gewachsen.

🕐 15 Min.

Zutaten

4 Karotten
1 überreife Banane
1 Handvoll Freiland-Spinat
   (ohne Stängel und Blattrippen)
1 EL Chia Samen
1 EL Leinöl
200 ml Schafmilchjoghurt
50 ml Wasser

Tool Tipp

Die Chia-Samen über Nacht, oder zumindest eine Stunde lang, quellen lassen, dann hat das angesagte Superfood gleich noch mehr Power. Dieser Smoothie versorgt Mensch und Hund mit Energie und stärkt die Abwehrkräfte. Die Chia-Samen fördern außerdem die Leistungsfähigkeit des Gehirns, haben entschlackende Wirkung, unterstützen die Verdauung, sättigen, stärken das Herz und schützen vor Hautalterung.

Pink Power

Zubereitung für Hund und Mensch

Den Apfel und die gekochte rote Bete in Würfel schneiden und zusammen mit den Beeren, dem Kefir und dem Wasser in einem Mixer pürieren.

🕐 10 Min.

Zutaten

1 süßer Apfel

100 g rote Bete

35 g Himbeeren

200 ml Kefir (ist ein Sauermilchgetränk, das bei der Gärung von Milch in Verbindung mit Kefirpilzen entsteht)

100 ml Wasser

Tool Tipp

Rote Bete gehören nicht nur zu den gesündesten Gemüsesorten, sie sind auch ein wahrer Powerstoff und reich an Betain, einem sekundären Pflanzenstoff, der die Funktion der Leberzellen stimuliert und die Gallenfunktion unterstützt. Das wiederum sorgt einerseits für eine reibungslose Verdauung und versetzt andererseits den Körper in die Lage, Stoffwechselendprodukte und Toxine vollständig und zügig auszuscheiden.

Balance-Shake

Zubereitung für Hund und Mensch

Granatapfelkerne, Himbeeren, Petersilie, Löwenzahnblätter und Gänseblümchen in einem Mixer pürieren, die Buttermilch und das Gerstengraspulver zufügen und nochmals gut durchmixen.

🕐 10 Min.

Zutaten

1 EL Granatapfelkerne
4 Himbeeren
2 Löwenzahnblätter
5 Gänseblümchen
1 TL Gerstengraspulver
1 TL Petersilie
250 ml Buttermilch

Tool Tipp

Das Gerstengras im Smoothie liefert konzentrierte, natürliche Lebenskraft. Die Fülle der darin enthaltenen Mineralien und Enzymen hilft dabei, das Säure-Basen-Gleichgewicht aufrechtzuerhalten und eine Übersäuerung abzubauen.

Achtung!
Petersilie wird nicht bei trächtigen Hündinnen empfohlen.

Superfit-Smoothie

Zubereitung für Hund und Mensch

Das Wasser, den Kefir, die Kresse und das Hagebutten-mus in eine Schüssel geben. Die so klein wie möglich geschnittenen Zutaten untermischen und alles pürieren.

🕐 10 Min.

Zutaten

1 Handvoll Feldsalat
2 Stangen Sellerie (Länge ca. 20 cm)
1 TL Hagebuttenmus
1 EL frische Preiselbeeren
1 EL Kresse
1 Msp. Ingwer
50 ml Wasser
200 ml Kefir

Kurioses

So trinken Hunde: Sie tauchen die Zunge in die Flüssigkeit und ziehen sie dann schnell wieder heraus. Dabei entsteht eine Art Löffelfunktion, welche die Wasseraufnahme ermöglicht. Die längste Zunge eines Hundes wurde übrigens bei einem Pekinesen namens Puggy aus den USA gemessen, sie war 11,43 cm lang.

Die goldene Milch

Zubereitung für Hund und Mensch

Für die Kurkuma-Paste 3-4 EL Wasser, 2 TL Kurkuma (gemahlen), eine Prise frischgemahlenen schwarzen Pfeffer und 2-3 EL Kokosöl zu einer Creme verrühren.

Für die goldene Milch alle Zutaten in einen kleinen Topf geben und unter Rühren etwa 2-3 Minuten köcheln lassen. Kurz abkühlen lassen und mit Honig nach Bedarf abschmecken. Das Getränk lauwarm servieren.

🕑 10 Min.

Zutaten

1 TL Kurkuma-Paste
3 EL Wasser
2 TL Kurkuma, gemahlen
1 Pr. schwarzer Pfeffer
½ TL Kokosöl
½ TL Manuka-Honig
250 ml Ziegenmilch

Tool Tipp

Kurkuma, auch Gelbwurz genannt, wird schon seit Jahrtausenden in der ayurvedischen Heilkunst verwendet und dort wegen der verdauungsfördernden Wirkung eingesetzt. Sie regt den Gallenfluss an und bringt Erleichterung in der Verdauung von schweren, fettreichen Gerichten. Aber auch in der Wundheilung sowie bei verschiedensten Entzündungen oder Atemwegserkrankungen findet der gelbe Powerstoff seine Anwendung. Dieser Shake fördert aufgrund seiner Wirkung das körperliche Wohlbehagen.

Wintertraum

Zubereitung für Hund und Mensch

Alle Zutaten in einem Mixer schaumig pürieren.

Für Zweibeiner kann der Wintertraum mit Eierlikör verfeinert und danach zusätzlich erwärmt werden.

🕐 5 Min.

Zutaten

1 Eigelb
½ überreife Banane
1 Pr. Vanille (aus der halbierten, getrockneten Schote)
100 ml Schafmilchjoghurt
100 ml Kokosmilch

Tool Tipp

Die Vanille sorgt in Kombination mit den anderen Zutaten für einen harmonischen, ausgeglichenen Zustand in Leib und Seele. Bereits die Mayas und Inkas wussten, dass dieses Gewürz die Ausdauer fördert und geistige Leistung unterstützt.

Gute-Laune-Mix

Zubereitung für Hund und Mensch

Ingwer frisch von der Wurzel abschaben. Die Banane, den Apfel und die Aprikose in Würfel schneiden, alle Zutaten miteinander vermengen und abschließend pürieren.

🕐 5 Min.

Zutaten

1 überreife Banane
1 Apfel, entkernt
1 Aprikose, entkernt
1 Msp. Ingwer, gerieben
250 ml Schafmilchjoghurt
50 ml Wasser

Tool Tipp

Der fruchtige Mix liefert alles, was für gute Stimmung sorgt: Vitamine, Mineralstoffe und außerdem das „Glückshormon" Serotonin aus der Banane.

Anti-Aging-Smoothie

Zubereitung für Hund und Mensch

Rote Bete, Karotten, Sellerie, Granatapfelkerne und die halbe Feige in einem Mixer pürieren. Wasser hinzufügen und nochmals gut durchmixen.

🕐 10 Min.

Zutaten

100 g rote Bete
4 Karotten
2 Stangen Sellerie (Länge ca. 20 cm)
1 EL Granatapfelkerne
½ Feige
250 ml Wasser

Tool Tipp

In dem knackigen Gemüsetrio stecken zellschützende Betakarotine, wertvolle Antioxidantien, Vitamine, Mineralstoffe und Spurenelemente. Gemeinsam mit den Granatapfelkernen wirkt dieses Getränk wie ein kleines Anti-Aging-Programm von innen.

Beeren-Cocktail

Zubereitung für Hund und Mensch

Beerenmischung fein pürieren und mit Wasser mixen.

Der Menschen-Drink kann mit etwas Zucker verfeinert und einem Schuss Wodka aufgepeppt werden.

⏱ 5 Min.

Zutaten

1 Handvoll Beerenmix (Erd-beeren, Himbeeren, Blau-beeren, Brombeeren)
250 ml Wasser

Tool Tipp

Der Cocktail „Wau" eignet sich auch perfekt als Basis für ein erfrischendes Hunde-Eis. Cocktail dazu einfach in Popsicle Formen (für Eis am Stiel) füllen und einfrieren. Dem Hund dann an beson-ders heißen Tagen zum Schlecken anbieten. Der Hund sollte dabei stets beobachtet werden, damit er keine größeren, gefrorenen Stücke verschluckt.

Der „Grüne" mit dem Frischekick

Zubereitung für Hund und Mensch

Spinat, Vogerlsalat, Kresse und Minze kleinhacken, und mit den restlichen Zutaten zu einem Smoothie mixen.

🕐 10 Min.

Zutaten

1 Handvoll Spinat
1 Handvoll Vogerlsalat
1 EL Kresse
2 Blätter Minze
1 TL Leinöl
100 ml Ziegenmilchjoghurt
100 ml Kokosmilch
100 ml Ziegenmilch

Tool Tipp

Wer täglich Grüne Smoothies trinkt, führt ganz nebenbei ein 365-Tage-Detox-Programm durch. Obendrein sorgen das grüne Blattgemüse und die kühlenden Kräuter bei warmen Temperaturen für eine Erleichterung von innen.

Fruchtbombe

Zubereitung für Hund und Mensch

Alle Obstsorten in kleine Würfel schneiden und gemeinsam mit der Buttermilch in einem Mixer pürieren.

🕐 10 Min.

Zutaten

1 Handvoll Erdbeeren
2 Scheiben Honigmelone, entkernt
1 Papaya, entkernt
1 Apfel, entkernt
250 ml Buttermilch

Tool Tipp

Wer die Fruchtbombe platzen lässt, erhält einen Drink für Mensch und Hund, der reich ist an wertvollen Vitaminen und obendrein noch hervorragend schmeckt.

Anti-Stress-Smoothie

Zubereitung für Hund und Mensch

Tee mit Kräutern aufkochen und 10 Minuten ziehen lassen. Mango und Heidelbeeren klein schneiden und gemeinsam mit der Teemischung mixen.

⏱ 10 Min.

Zutaten

1 Mango (entkernt)
1 Handvoll Heidelbeeren
150 ml Teemischung Kamille und Melisse

Tool Tipp

Alle Zutaten haben eine besonders besänftigende und beruhigende Wirkung – für die maximale Entspannung bei Mensch und Tier.

Muntermacher

Zubereitung für Hund und Mensch

Alle Zutaten in kleine Stücke schneiden und mit dem Öl, dem Joghurt und den Leinsamen zu einem cremigen Smoothie mixen.

Alternativ können zu den Leinsamen auch Haferflocken oder Dinkelflocken verwendet werden.

⏱ 10 Min.

Zutaten

1 überreife Banane
4 Karotten
1 EL Goji-Beeren
2 EL Leinsamen
1 EL Rapsöl
200 g Joghurt, laktosefrei
100 ml Milch, laktosefrei

Tool Tipp

Die Goji-Beere zählt zu den wertvollsten Lebensmitteln der Welt und enthält essentielle Fettsäuren sowie Aminosäuren sowie lebenswichtige Vitalstoffe. Am Morgen getrunken, schenkt dieser Smoothie Kraft und Ausdauer für den ganzen Tag.

VORSPEISEN

Leichte Möhren-Kokos-Suppe

Zubereitung für Hund und Mensch

Möhren waschen und in Würfel schneiden. Gemeinsam mit der Gemüsesuppe und der Kokosmilch in einem Topf ca. 20 Minuten kochen, bis die Karotten weich sind. Suppe pürieren und mit 1 Prise Salz verfeinern.

Die Zweibeiner Variante zum Schluss mit Pfeffer, Ingwer und einem Schuss Limettensaft abschmecken.

 30 Min.

Zutaten

500 g Möhren
250 ml Gemüsesuppe
250 ml Kokosmilch
1 Schuss Limettensaft
1 cm Ingwer
1 Pr. Salz
1 Pr. Pfeffer

Tool Tipp

Diese einfache Suppe erlebt gerade wieder ein Comeback bei Mensch und Tier und hat sich seit vielen Jahren als Geheimtipp bei Problemen im Verdauungstrakt bewährt. Während des Kochvorgangs entstehen nämlich kleine Zuckermoleküle in den Möhren, sogenannte Oligosaccharide, die wie ein Magnet auf Bakterien wirken. Einmal angedockt, werden diese ganz einfach mit den Möhren ausgeschieden.

Suppe vom Bio-Rind mit Markknochen

Zubereitung für Hund und Mensch

Wasser mit dem Bio-Rindfleisch, dem Markknochen und der Milz ca. 30 Minuten bzw. bis sich das Mark leicht aus dem Knochen lösen lässt, kochen. Den Knochen entfernen (einmal erhitzte Knochen niemals dem Hund geben – Splitter-Gefahr!), das Mark wieder ins Wasser geben. Den aufsteigenden „Schaum" laufend abschöpfen. Das Suppengrün würfeln, einen Teil davon der Suppe zufügen und 20 Minuten weiter köcheln lassen. Das weich gekochte Fleisch entnehmen, nach Belieben in Würfel schneiden und ebenfalls wieder in die Suppe geben. Mit einer Prise Salz abschmecken. Die jeweilige Portion für den Hund entnehmen und ev. mit „Crêpes" anreichern (Rezept siehe Seite 99).

Für Frauchen und Herrchen die verbleibende Menge Suppengrün, die Zwiebel, welche halbiert und an den Schnittstellen scharf angebraten wird, die Knoblauchzehen, die Pfefferkörner und den Muskat beimengen und für weitere 10 Minuten köcheln lassen. Danach mit beispielsweise selbstgemachten Frittaten oder Nudeln verfeinern.

Besonders kräftig wird die Suppe, wenn man sie etwas einreduzieren lässt.

🕐 60 Min.

Zutaten

2 l Wasser
1 kg Bio-Rindfleisch (durchwachsen, im Ganzen)
300 g Markknochen
2 Suppengrün (gesamt ca. 500g)
30 g Milz vom Bio-Rind
1 Zwiebel
2 Knoblauchzehen
5 Pfefferkörner
½ TL Muskat
1 Pr. Salz

Kurioses

Schon im Mittelalter war man sich der stärkenden Wirkung einer gehaltvollen Knochensuppe bewusst. Die Suppe wurde den Hunden vor besonderen Leistungen wie zum Beispiel vor dem Jagdeinsatz gefüttert, um diese für die bevorstehende Anstrengung zu rüsten.

Wildlachs-Gurken-Tatar

Zubereitung für Hund und Mensch

Lachs waschen und trocken tupfen. Den Dill fein hacken, die Gurke schälen, zerkleinern und hinzufügen. Anschließend die Masse mit Sauerrahm und Olivenöl vermengen.

Für Zweibeiner das klein gehackte Limettenfruchtfleisch unter das Tatar heben und mit Salz und Pfeffer abschmecken. Mit Dillspitzen dekorieren und mit Toastscheiben und Butter servieren.

🕐 30 Min.

Zutaten

400 g rohen Wildlachs
½ Salatgurke
70 g Sauerrahm
½ Limette
1 TL Dillspitzen
2 EL natives, kaltgepresstes Olivenöl
1 Pr. Salz
1 Pr. Pfeffer
2 Toastscheiben
Butter

Tool Tipp

Fisch ist eine besonders leicht verdauliche Eiweißquelle und stellt eine hochwertige Alternative zu Fleisch dar. Frischer Fisch verfügt zudem über einen hohen Anteil an lebenswichtigen, ungesättigten Fettsäuren, Vitamin D, natürliches Jod wie auch ein ausgewogenes Verhältnis an Kalzium, Phosphor und Natrium.

Ofenkartoffeln mit Hühnerfiletstreifen und Quark-Petersilie-Topping

Zubereitung für Hund und Mensch

Die beiden Ofenkartoffeln in einem Topf Wasser ca. 30 Minuten vorkochen, eine davon für den Hund schälen. Beide Exemplare in Alufolie wickeln und für ca. 20 Minuten bei 160 Grad (Ober-/Unterhitze) im Backofen garen. In der Zwischenzeit das Hühnerfilet in schmale Streifen schneiden und in etwas Butter anbraten. Die Menschenportion mit Salz und Pfeffer abschmecken.

Für das Topping die Petersilie (nicht bei trächtigen Hündinnen) fein hacken und mit Quark und Sauerrahm vermengen. Für Zweibeiner die beiden Knoblauchzehen pressen, in die Masse mit einrühren und mit Salz und Pfeffer abschmecken. Die Ofenkartoffel mit den Hühnerfiletstreifen und mit dem Quark-Petersilie-Topping servieren.

Für den Vierbeiner die Ofenkartoffel zerdrücken und die Hühnerfiletstreifen und das Quark-Petersilie-Topping untermengen.

🕐 50 Min.

Zutaten

2 große Ofenkartoffeln
200 g Hühnerfilet
250 g Quark
50 ml Sauerrahm
1 Bund frische Petersilie
2 Knoblauchzehen
1 Pr. Salz
1 Pr. Pfeffer
1 TL Butter

Kurioses

Nachdem sich im 18. Jahrhundert der Kartoffelanbau durchgesetzt hatte, landete die Knolle auch bald im Hundenapf und ist bis heute ein beliebter Rohstoff bei der tierischen Ernährung. Für Hunde sollten Kartoffeln immer weich gekocht werden. Das Kochwasser und die Schale dürfen aber nicht in den Futternapf, denn das darin enthaltene Solanin ist ein natürliches Toxin und somit giftig für den Hund.

Kräuter-Rührei

Zubereitung für Hund und Mensch

Kräuter waschen, fein schneiden oder hacken und mit den Eiern verquirlen. Butter in einer Pfanne zergehen lassen. Die Masse darin bei schwacher Hitze stocken lassen und währenddessen mit einer Gabel umrühren.

Die Menschenportion mit Salz und Pfeffer abschmecken.

🕐 15 Min.

Zutaten

4 Eier
1 TL Kräuter (Portulak, Kresse, Thymian)
1 EL Butter
1 Pr. Salz
1 Pr. Pfeffer

Tool Tipp

Eier führen bei Hunden eindeutig die Geschmackshitparade an und stellen obendrein noch eine besonders hochwertige Futterkomponente dar. Ganze Eier werden entweder gekocht oder gebraten gefüttert. Bei rohen Eiern sollte Hunden nur das Eigelb gegeben werden – in diesem Zustand enthält das Eiklar nämlich spezielle Eiweiße, welche die Verdauung beeinträchtigen und zu Mangelerscheinungen führen können. Durch Erhitzen werden diese jedoch unschädlich gemacht.

Crêpes mit Hüttenkäse

Zubereitung für Hund und Mensch

Die Eier aufschlagen und gut verquirlen. Das Buchweizenmehl mit dem Wasser und der Ziegenmilch glatt rühren. Die Eier unterheben und mit einer Prise Salz zu einem Teig vermengen. In einer flachen Pfanne etwas Butter zerlassen. Mit einer Schöpfkelle so viel Teigmasse einfüllen, dass der Boden dünn damit bedeckt ist. Danach die Masse durch Schwenken der Pfanne gleichmäßig verteilen. Die Crêpe nun bei mittlerer Hitze goldbraun werden lassen und danach wenden. Nach Fertigstellung mit etwas Hüttenkäse bestreichen und vorsichtig einrollen.

Die Variante für Zweibeiner wird noch mit Salz, Pfeffer und Schnittlauch verfeinert.

⏱ 20 Min.

Zutaten

Für den Crêpes-Teig

600 g Buchweizenmehl
6 Eier
500 ml Ziegenmilch
600 ml Wasser
1 Pr. Salz
1 EL Butter

Für die Füllung

125 g Hüttenkäse
1 Pr. Salz
1 Pr. Pfeffer
1 Handvoll Schnittlauch

Kurioses

Der französische Graf *Gaston Phoebus* stellte im 14. Jahrhundert als erster einen Zusammenhang zwischen der Fütterung und dem Hundeverhalten fest. Gegen Trägheit sollten größere Mengen an Brot verabreicht werden. Phoebus beobachtete zudem, dass kranke Tiere Gras fraßen. Um das Wohlbefinden der Hunde zu unterstützen, ordnete er an, diese morgens auf die Weide zu führen, um sich durch das Fressen von Gras und Kräutern Erleichterung zu verschaffen.

Buchweizen-Quiche mit Blattspinat und Sauerrahm

Zubereitung für Hund und Mensch

⏱ 70 Min.

Mehl, Butter, Eier und Salz zu einem festen Teig kneten. In Frischhaltefolie eingepackt ca. 30 Minuten rasten lassen. Den Teig danach ausrollen und in eine kleine, runde, ausgebutterte Springform legen, am Rand hochziehen und festdrücken. Mit einer Gabel mehrmals einstechen und im vorgeheizten Ofen bei 180 Grad (Ober-/Unterhitze) 10 Minuten vorbacken.

Für die Füllung Blattspinat waschen und klein schneiden. Frischen Thymian hinzufügen und in einer Pfanne mit erwärmter Butter glasig anschwitzen. Für Zweibeiner die Masse mit Frühlingszwiebel ergänzen und mit Salz und Pfeffer abschmecken.

Die Gemüse-Kräutermischung anschließend gleichmäßig auf dem Teig verteilen. Sauerrahm mit den Eiern verrühren und über das Gemüse gießen. Mit Käse bestreuen und nochmals 30 Minuten bei 160 Grad goldbraun backen.

Serviervorschlag:
Herzhaft genießen wie in Frankreich: Für Zweibeiner die fertige Quiche vorsichtig in kleine Tortenstücke schneiden und mit einem Salat servieren.

Zutaten

Für den Mürbteig

300 g Buchweizenmehl
200 g Butter
2 Eier
1 Pr. Salz

Für die Füllung

250 g Sauerrahm
3 Eier
200 g Blattspinat
1 EL frischer Thymian
1 Stange Frühlingszwiebel
200 g Streukäse

Frischkäse-Kräuter-Aufstrich

Zubereitung für Hund und Mensch

Alle Kräuter fein hacken. Frischkäse und Joghurt gut verrühren, bis die Masse schön glatt ist.

Für Zweibeiner eine Knoblauchzehe pressen und untermischen. Mit Salz verfeinern. Den Frischkäse-Kräuter-Aufstrich auf dem Brot genießen oder als Dip zu rohem Gemüse reichen.

⏱ 15 Min.

Zutaten

200 g Frischkäse

2 gehäufte EL Schafmilch-joghurt

2 EL Kräuter (Basilikum, Koriander, Thymian), gehackt

1 Knoblauchzehe

1 Pr. Salz

Tool Tipp

Für Schleckermäulchen: Die besten Spielzeuge, mit denen man seinen Vierbeiner ausgiebig beschäftigen kann, sind die aus Naturkautschuk. Idealerweise sind solche Exemplare innen hohl oder haben feine Rillen, in denen man besonders gut Leckereien verstecken oder einfüllen kann. Der Frischkäse-Kräuter-Aufstrich eignet sich hierfür bestens und gilt als wahre Jackpot-Schlemmerei für den Hund. Das darin enthaltene Basilikum (nicht bei trächtigen Hündinnen), der Koriander und der Thymian unterstützen ganz natürlich die Verdauung.

Melonen-Mozzarella-Spieß

Zubereitung für Hund und Mensch

Die Zuckermelone in kleine Würfel schneiden. Den Mozzarella abgießen. Die Melonen- und Mozzarella-Stücke abwechselnd mit einem Basilikumblatt auf kleine Holzspieße stecken. (Basilikum nicht bei trächtigen Hündinnen). Damit steht dem Vierbeiner nicht nur eine wahre Köstlichkeit zur Verfügung, er ist außerdem eine Zeit lang mit dem Abknabbern der Leckereien beschäftigt (Stäbchen muss dabei gehalten und darf nicht dem Hund überlassen werden!).

Die Menschen-Spieße werden mit Salz und Pfeffer gewürzt und mit Balsamico Glacé verfeinert.

🕐 10 Min.

Zutaten

3 Scheiben reife Zuckermelone

200 g Mini-Mozzarella

1 Handvoll frische Basilikumblätter

1 Pr. Salz

1 Pr. Pfeffer

einige Spritzer Balsamico Glacé

Kurioses

Im Jahr 1902 wurde von dem russischen Mediziner und Physiologen *Iwan Petrowitsch Pawlow* nachgewiesen, dass Hunden nicht erst beim Fressen das Wasser im Mund zusammenläuft, sondern bereits beim Anblick der Mahlzeit. Der Speichelfluss setzt bereits ein, wenn es einen bestimmten Ablauf bei der Zubereitung des Futters gibt und dieser in Gang gesetzt wird (beispielsweise wenn der Kühlschrank geöffnet wird).

Polenta-Bruschetta

Zubereitung für Hund und Mensch

Für die Polenta-Bruschetta zu Beginn Ziegenmilch oder Wasser mit Butter aufkochen, Rosmarin und Salz hinzufügen. Den Gries vorsichtig einrühren und ca. 5 Minuten kochen lassen. Den Topf vom Herd ziehen, das Eigelb unterrühren und 20 Minuten auf kleiner Flamme köcheln lassen, bis die Masse stockt. Sollte dies zu früh geschehen, einfach noch etwas Ziegenmilch oder Wasser hinzugeben und gut durchmischen. Die fertige Polenta dann zu kleinen Brötchen formen oder in kleine Backformen einstreichen. Auskühlen lassen. Danach die fertigen Stücke in einer Pfanne mit Butter von beiden Seiten kurz anbraten.

Für Zweibeiner die Polenta-Bruschetta mit einer Mischung aus gehackten Tomaten, Knoblauch und Zwiebel belegen, mit Olivenöl beträufeln und mit Basilikum bestreuen.

 30 Min.

Zutaten

Für die Polenta

500 ml Ziegenmilch oder
    Wasser
150 g Maisgries
60 g Butter
2 TL frischer Rosmarin,
    fein gehackt
2 Eigelb
1 Pr. Salz

Für das Pesto

4 Tomaten
1 Zwiebel
1 Knoblauchzehe
1 Handvoll Basilikum
1 Schuss Olivenöl

Tool Tipp

Mais hat keinen guten Ruf, was die Hundeernährung betrifft, und gilt als günstiges Füllmittel in der Futtermittelindustrie. Was viele jedoch nicht wissen, ist, dass gekochter Maisgries (Polenta) keine Gluten enthält, einen geringeren Eiweißgehalt aufweist und besonders für dünne und rekonvaleszente Hunde zum Aufpäppeln geeignet ist. Dem Korn wird aber auch noch eine Brainfood-Wirkung zugesprochen, weshalb bei übermotivierten Vierbeinern die gezielte Fütterung von verarbeitetem Mais (wie z.B. Polenta) empfohlen wird, weil dieser eine beruhigende Wirkung auf den Hund ausüben kann.

Fleischbällchen mit Minze-Joghurt-Dip

Zubereitung für Hund und Mensch

Für die Fleischbällchen das Faschierte vom Rind mit den Eiern vermengen und die gehackten Pinienkerne untermischen. Eine Portion für den Hund entnehmen.

Für die Menschen-Variante alle weiteren Zutaten in die verbleibende Portion mischen und gut durchkneten. Aus beiden Fleischmassen kleine Bällchen formen und in etwas Öl oder Butter scharf angebraten.

Für den Dip Sauerrahm, Joghurt und die frische Minze gut miteinander verrühren.

In die Sauce für Frauchen und Herrchen die beiden Knoblauchzehen pressen, untermengen und mit Salz und Pfeffer abschmecken. 30 Minuten im Kühlschrank ziehen lassen.

🕐 30 Min.

Zutaten

Für die Fleischbällchen

400 g Faschiertes vom Rind
1 Ei
2 EL gehackte Pinienkerne
1 Zwiebel
1 rote Chili, gehackt
½ TL Chilipulver
1 TL Paprikapulver, mild
1 Pr. Salz
1 Pr. Pfeffer
1 TL Öl oder Butter

Für den Dip

120 g Sauerrahm
100 g Joghurt
2 Zweige frische Minze
2 Knoblauchzehen
1 Pr. Salz
1 Pr. Pfeffer

Spargel mit Erdbeeren und Rucola

Zubereitung für Hund und Mensch

Den Spargel vor dem Kochen waschen, schälen und die Enden etwas abschneiden. Das Gemüse bissfest in einem Topf Salzwasser garen. Anschließend herausnehmen, abtropfen lassen und in kleine Stücke schneiden. Die Erdbeeren waschen, vierteln und gemeinsam mit dem Rucola und den Spargelstücken kurz in Butter schwenken.

Zweibeiner können aus diesem Obst-Gemüse-Mix im Handumdrehen einen köstlichen Salat zaubern: Hierfür wird eine Orangenhälfte ausgepresst und mit etwas Apfelessig, Olivenöl, Salz und Pfeffer abgeschmeckt. Danach das Dressing mit einem Löffel über die Spargel-Erdbeer-Rucola-Mischung träufeln.

🕐 30 Min.

Zutaten

500 g weißer Spargel
2 l Wasser
1 Handvoll Erdbeeren
1 Handvoll Rucola
1 Orangenhälfte
1 Pr. Salz
1 Pr. Pfeffer
1 EL Essig
1 TL Olivenöl
1 TL Butter

Tool Tipp

Auch Hunden schmeckt Spargel ganz besonders gut. Gerade während der Saison kann dieser gerne Bestandteil jedes Menüs für Vierbeiner sein. Das Gemüse wirkt leicht harntreibend und entschlackend. Obendrein hat die natürliche Köstlichkeit wenige Kalorien. Ein tierischer Genuss ganz ohne Reue!

Parmesan-Grissini

Zubereitung für Hund und Mensch

Das Mehl und den Flohsamen in eine Schüssel geben. Schritt für Schritt Wasser und Öl hinzugeben, bis der Teig eine geschmeidige Konsistenz aufweist. Oregano und geriebenen Parmesan untermischen. Gut und ausgiebig durchkneten. Mit der Hand kleine Teile des Teiges entnehmen und zu dünnen Stangen rollen. Auf einem Backblech auslegen und ca. 15 Minuten bei 220 Grad Umluft im Backofen goldbraun backen.

30 Min.

Zutaten

250 g Buchweizenmehl
1 TL Flohsamen
½ TL Oregano, getrocknet
1 EL Leinöl
100 g geriebener Parmesan
100 ml lauwarmes Wasser

Kurioses

Es gibt selten Vierbeiner, die einem Stück Käse wirklich widerstehen können. Es ist seit dem 13. Jahrhundert bekannt, dass Hunde in der Ausbildung häufig mit Käsestückchen belohnt wurden – ein Leckerli, das bis heute noch ganz oben auf der tierischen Snackliste steht. Dabei ist der Geruchsintensität keine Grenze gesetzt: Je stinkiger der Käse, desto attraktiver für den Hund. Vorsicht ist bei Hunden mit Laktoseintoleranz geboten. In diesem Fall sollte man von der Gabe von Milchprodukten eher absehen.

Hunde-Maki

Zubereitung für Hund und Mensch

Für die Hunde-Makis den Sushi-Reis gut waschen und in kaltem Wasser mindestens eine Stunde lang quellen lassen. Den Reis anschließend in 300 ml Wasser aufkochen und für 10 Minuten auf kleiner Stufe weiter köcheln lassen. Ein Nori-Algenblatt befeuchten und mit der glänzenden Seite nach unten auf eine Bambusrolle legen. Den leicht ausgekühlten Reis darauf (ca. 1 cm Höhe) verteilen. Die Gurke und den rohen Lachs in längliche Stücke schneiden und auf die äußere Seite des Algenblatts legen. Mithilfe der Bambusmatte nun eine feste Rolle formen und mit einem Messer kleine maul- bzw. mundgerechte Stücke abteilen.

Zweibeinern werden die Makis mit Wasabi, Ingwer und Sojasauce serviert.

🕐 90 Min.

Zutaten

4 Stk. Nori-Algenblätter
250 g Sushi-Reis
50 g rohes Lachsfilet
50 g Gurke
300 ml Wasser
1 Bambusmatte (zum Maki-Rollen)
Wasabi
Ingwer
Sojasauce

Kurioses

In der taiwanesischen Millionenstadt Taipeh hat eine Tierschutzaktivistin ein Restaurant eröffnet, in dem Hunde gemeinsam mit ihren Besitzern speisen können. Sie sitzen zusammen an einem Tisch, bekommen aber unterschiedliche Gerichte, oder aber auch dieselben, nur anders zubereitet. Die Vierbeiner werden dabei mit Messer und Gabel gefüttert. Zehn Prozent des Menüpreises spendet die Besitzerin an die taiwanesische Tierschutz-Organisation *TNR*.

Klassische Hühnersuppe

Zubereitung für Hund und Mensch

Kochtopf mit Wasser aufstellen. Huhn zerteilen, waschen, trocken tupfen und mit dem Hühnerklein ca. 40 Minuten kochen. Den aufsteigenden „Schaum" abschöpfen. Das klein geschnittene Suppengrün sowie eine Prise Salz hinzufügen. Nach Ablauf der Kochzeit das Huhn entnehmen. Fleisch von den Knochen trennen, abzupfen, fein schneiden und der Suppe wieder hinzufügen. Je nach Geschmack können auch die Hühnerhaut und die Innereien (mit Ausnahme des Hühnerhalses) klein geschnitten und in die Suppe gegeben werden. Danach einen ganzen Bund frischer Petersilie (nicht bei trächtigen Hündinnen) fein hacken und vor dem Servieren über die jeweilige Portion streuen.

Zusätzlich für Zweibeiner: Eine Prise frisch gemahlener Pfeffer gibt der Suppe den letzten Schliff. Einlagen wie z.B. gekochte Nudeln machen die Suppe noch gehaltvoller.

Achtung!
Gekochte Hühnerknochen können splittern, diese also in keinem Fall in der Suppe lassen oder dem Hund füttern – das gilt auch für den gekochten Hühnerhals!

🕐 30 Min.

Zutaten

2 l Wasser
1 Huhn im Ganzen mit Hühnerklein (mindestens 1,5 kg)
500 g Suppengrün gehackt oder à la Julienne
1 Bund frische Petersilie
1 Pr. Salz

Kurioses

Hühnersuppe unterstützt bereits seit dem 18. Jahrhundert bei der Rekonvaleszenz von Mensch und Tier. Sie gibt schnell wieder Kraft und wird auch gern als Schonkost angeboten. Gerade bei mäkeligen Hunden kann durch Ergänzung von Hühnersuppe im Futter die Fressleidenschaft wieder geweckt werden.

Tool Tipp

Lamm gilt laut Ernährung nach der Traditionellen Chinesischen Medizin als thermisch heißes Nahrungsmittel. Hunde, die vor allem in der kalten Jahreszeit schnell frieren oder zum Zittern neigen, können mit dieser Proteinquelle gut von innen gewärmt werden.

HAUPTSPEISEN

Lamm mit Reis und Zucchini

Zubereitung für Hund und Mensch

Das Lammrückenfilet ca. 2 Stunden in Sonnenblumenöl einlegen. Danach in einer Pfanne auf beiden Seiten ca. 3 Minuten anbraten und anschließend ca. 8 Minuten in einer Alufolie eingewickelt ruhen lassen. In der Zwischenzeit den Reis nach Packungsanleitung kochen. Die Zucchini waschen und mit dem Messer der Länge nach in Streifen schneiden und in etwas Öl anbraten.

Für das Tzatziki die Gurke waschen und schälen, à la Julienne (sehr feine, quadratische Streifen) schneiden, mit dem Schafmilchjoghurt vermengen, etwas Sonnenblumenöl beigeben und mit den gepressten Knoblauchzehen sowie Salz und Pfeffer abschmecken.

⏲ 20 Min.

Zutaten

500 g Lammrückenfilet
1 Zucchini
250 g Reis
250 ml Schafmilchjoghurt
1 Gurke
4 oder 5 Knoblauchzehen gepresst
1 EL Sonnenblumenöl
1 Pr. Salz
1 Pr. Pfeffer

Die Hundeportion

200 g Lammrückenfilet (Rohgewicht)
60 g Zucchini
80 g Reis gekocht
50 ml Schafmilchjoghurt
60 g Gurke
1 TL Sonnenblumenöl
1 Pr. Salz
Vitaminisierte Mineralstofferänzung mit Calcium (20%), Dosierung lt. Hersteller

Für die Hundeküche

Die Zucchini und die Gurke für den Hund raspeln. Letztere mit dem Schafmilchjoghurt vermengen. Das fertig gebratene Lammfleisch in Würfeln schneiden und gemeinsam mit dem Reis, der geraspelten Zucchini und dem Gurken-Schafmilchjoghurt-Mix im Futternapf anrichten. Eine kleine Pr. Salz, das Sonnenblumenöl und die vitaminisierte Mineralstoffmischung erst im ausgekühlten Zustand hinzufügen.

Pasta mit Hühnchen und Rucola

Zubereitung für Hund und Mensch

Hühnerbrust waschen, mit Küchenpapier trocken tupfen und in kleine Stückchen schneiden. Gemeinsam mit 2 gehackten Knoblauchzehen, Salz und Pfeffer in etwas Butter anbraten. Die Tomaten halbieren, den Schafkäse in Stücke brechen und zusammen auf kleiner Flamme glasig anbraten.

Die Spaghetti in einem Topf Wasser mit einer Prise Salz zum Kochen bringen. Sobald die Nudeln al dente sind, abseihen und gemeinsam mit den gebratenen Hühnerbruststückchen und den Pinienkernen in etwas Leinöl schwenken. Sofort auf dem Teller anrichten. Die Tomaten und den Schafkäse dazugeben und mit frischem Rucola und Basilikum garnieren.

🕐 20 Min.

Zutaten

500 g Hühnerbrust
250 g glutenfreie Spaghetti
1 Handvoll Rucola
5 überreife Tomaten
100 g milder Schafkäse
4 Blätter frisches Basilikum
2 Knoblauchzehen
1 TL Pinienkerne
1 Pr. Salz
1 Pr. Pfeffer
Leinöl und Butter zum Braten

— 120 —

Für die Hundeküche

Hühnerbrust in kleine Stückchen schneiden und gemeinsam mit den überreifen, halbierten Tomaten in etwas Butter anbraten. Den Schafskäse zerbröseln und zusammen mit den klein gehackten Pinienkernen, dem zerkleinerten Rucola und Basilikum, den überreifen Tomaten, den Hühnerbruststückchen und den gekochten Spaghetti im Napf anrichten. Das Leinöl und die vitaminisierte Mineralstoffmischung im ausgekühlten Zustand hinzugeben.

Die Hundeportion

220 g Hühnerbrust (Rohgewicht)
80 g glutenfreie Spaghetti, gekocht
50 g Rucola
50 g überreife Tomaten
30 g Schafkäse mild
4 Blätter frisches Basilikum
1 TL Pinienkerne gehackt
1 TL Leinöl
1 Pr. Salz
Butter zum Braten
Vitaminisierte Mineralstoffergänzung mit Calcium (20%), Dosierung lt. Hersteller

Rehkeule mit Petersilienkartoffeln und Maroni

Zubereitung für Hund und Mensch

Für die Kräutermischung Thymian, Koriander, Wacholderbeeren, Salz und Pfeffer zu einem feinen Pulver zerkleinern. Die Rehkeule mit der Kräutermischung und etwas Butter gut einreiben und in einen Römertopf legen. Die Möhren und die Zwiebel schälen, würfelig schneiden und gemeinsam mit der Gemüsebrühe im Topf rund um die Rehkeule verteilen. Mit Salz und Pfeffer abschmecken und mit Butterflocken verfeinern. Anschließend das Fleisch im vorgeheizten Ofen bei 250 Grad (Ober-/Unterhitze) ca. 20 Minuten anbraten. Danach die Hitze auf 100 Grad reduzieren und für weitere 15 Minuten weiterbraten lassen. Mit Rotwein ablöschen: Zuerst die Hälfte aufgießen und nach einer halben Stunde den Rest hinzufügen. Die Rehkeule nach dem Ablöschen bei geringer Temperatur noch etwa 120 Minuten ziehen lassen. Anschließend die Rehkeule aus dem Topf nehmen und in Scheiben aufschneiden. Den verbleibenden Bratensaft in ein Gefäß umfüllen, mit einem Pürierstab pürieren und nach und nach die Himbeerkonfitüre beigeben. Die Sauce anschließend durch ein Sieb passieren und nach Belieben nachwürzen.

In der Zwischenzeit die Maroni weich kochen und anschließend in etwas Butter glasig anbraten. Die Kartoffeln schälen und in einem Topf Wasser weich kochen. Die Kartoffeln abseihen und mit der gehackten Petersilie in einer Pfanne kurz anschwitzen lassen.

Die Rehkeule mit den Maroni, Petersilienkartoffeln und der Bratensauce anrichten. Mit eingelegten Preiselbeeren servieren.

 3 Std.

Zutaten

500g Rehkeule
1 Handvoll gekochte Maroni
400 g Kartoffeln
1 Bund Petersilie
1 Pr. Thymian
1 Pr. Koriander
3 Wacholderbeeren
1 Pr. Salz
1 Pr. Pfeffer
1 EL eingelegte Preiselbeeren
Butter zum Braten

Für die Sauce
1 EL Himbeerkonfitüre
250 ml Rotwein
3 Möhren
1 Zwiebel
250 ml Gemüsebrühe

— 123 —

... Fortsetzung Rezept Rehkeule mit Petersilienkartoffeln und Maroni

Für die Hundeküche

Die Rehkeule für den Hund nur mit Butter einreiben, in den Römertopf legen und die Gemüsebrühe rundherum verteilen. Das Fleisch dann im vorgeeizten Ofen bei ca. 250 Grad und ca. 20 Min. anbraten. Hitze auf ca. 100 Grad reduzieren und für weitere 120 Min. im Ofen ziehen lassen. Anschließend die Rehkeule aus dem Topf nehmen und in Würfel schneiden. Die weich gekochten Maroni zusammen mit den geschälten, gekochten Petersilienkartoffeln und den gehackten Preiselbeeren im Napf anrichten. Nach dem Auskühlen eine kleine Pr. Salz, das Leinöl und die vitaminisierte Mineralstoffmischung hinzufügen.

Die Hundeportion

250 g Rehkeule (ohne Knochen)

50 g gekochte Maroni

130 g Kartoffeln

1 TL Petersilie

125 ml Gemüsebrühe

1 Pr. Salz

1 EL Preiselbeeren, gehackt

1 TL Leinöl

Butter zum Braten

Vitaminisierte Mineralstofferänzung mit Calcium (20%), Dosierung laut Hersteller

Tool Tipp

Wild gilt als eine hervorragende Proteinquelle für den Hund. Es ist fett- und kalorienarm, besonders leicht verdaulich und reich an Vitaminen und Mineralstoffen. Der intensive Wildgeschmack stellt für Hunde eine besonders anziehende Abwechslung auf dem tierischen Speiseplan dar. Darüber hinaus kann bei Wild eine Massentierhaltung ausgeschlossen werden.

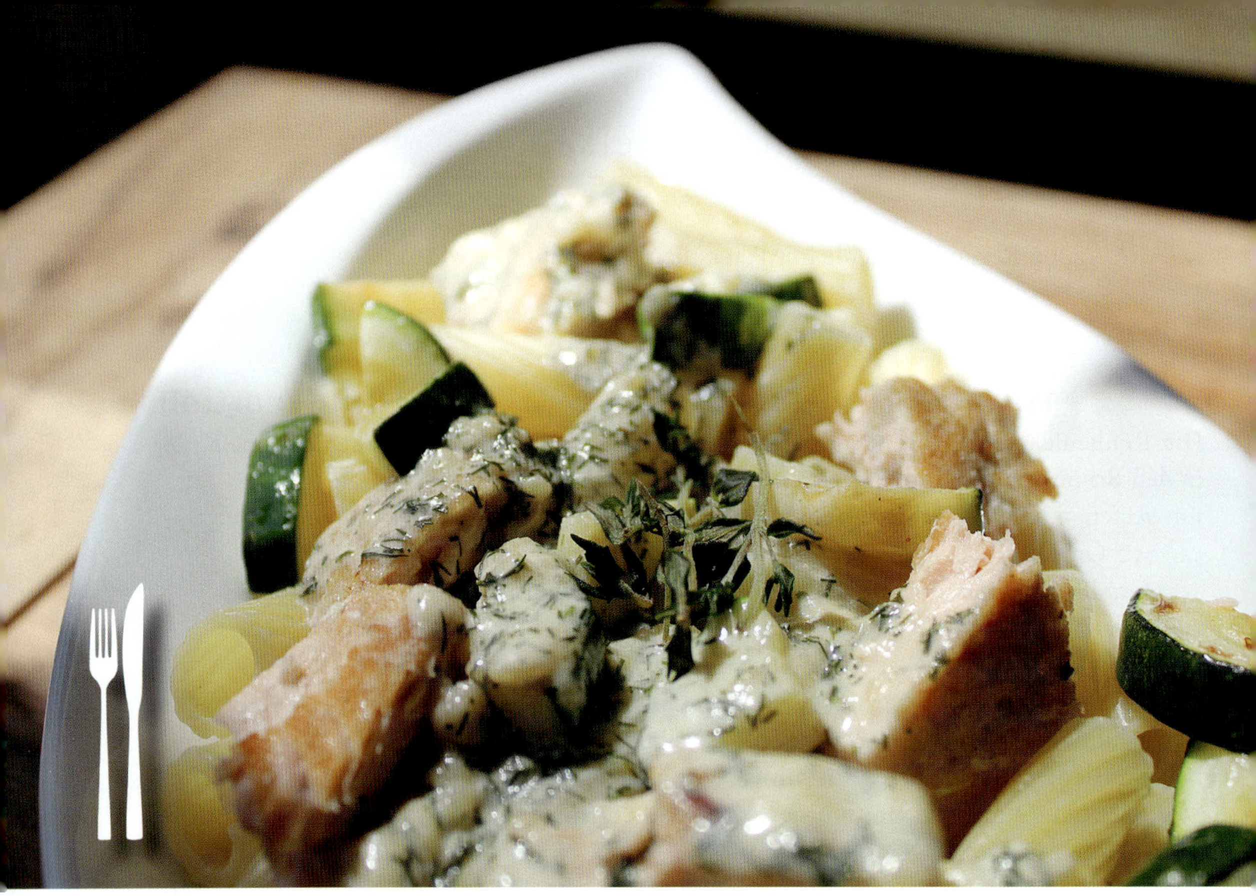

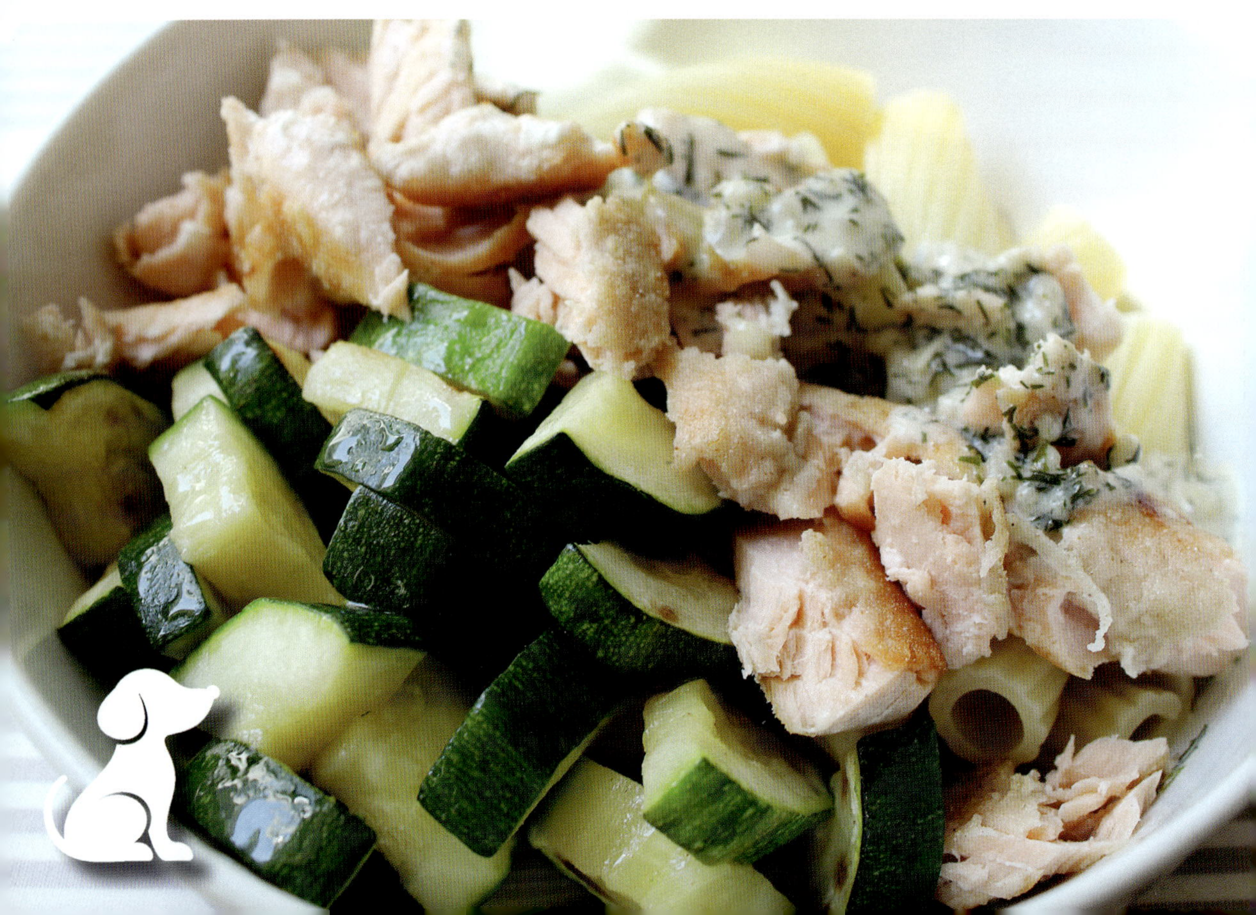

Rigatoni Salmone

Zubereitung für Hund und Mensch

Die Rigatoni im Wasser mit einer Prise Salz zum Kochen bringen. Sobald diese al dente sind, abseihen. Das Lachsfilet waschen, trocken tupfen und die Zucchini in Stücke schneiden, mit etwas Salz und Pfeffer würzen und in einer Pfanne mit Sonnenblumenöl anbraten. Die Sahne mit etwas Salz und Pfeffer und einem Spritzer Limettensaft in einer Pfanne aufkochen, den gewaschenen, trocken geschüttelten und fein gehackten Dill hinzugeben und bei kleiner Flamme kurz darin ziehen lassen. Die fertigen Rigatoni in einem Teller anrichten und mit dem Lachs sowie der Zucchini garnieren. Zum Abschluss die Dill-Sauce über die Rigatoni träufeln und sofort servieren.

🕐 30 Min.

Zutaten

300 g Lachsfilet
250 g glutenfreie Rigatoni
1 Zucchini
1 Handvoll frischen Dill, fein gehackt
250 ml Sahne
1 Limette
1 Pr. Salz
1 Pr. Pfeffer
Sonnenblumenöl zum Braten

Die Hundeportion

200 g Lachsfilet (Rohgewicht)
100 g glutenfreie Rigatoni, gekocht
100 g Zucchini
1 TL frischen Dill, fein gehackt
50 ml Sahne
1 Pr. Salz
Sonnenblumenöl zum Braten
Vitaminisierte Mineralstoffergänzung mit Calcium (20%), Dosierung laut Hersteller

Für die Hundeküche

Einen Teil des Lachsfilets ungewürzt belassen, gemeinsam mit den Zucchini in kleine Stücke schneiden. Anbraten und mit der Sahne ablöschen. Die gewaschene, trocken geschüttelte und fein gehackte Dille hinzugeben und alle Zutaten mit den fertigen Rigatoni sofort in den Napf geben. Nach dem Auskühlen eine kleine Prise Salz sowie die vitaminisierte Mineralstoffmischung hinzufügen.

Rindfleisch mit Rösti und Spinat

Zubereitung für Hund und Mensch

Für den Tafelspitz zunächst in einem großen Topf etwa 5 Liter kaltes Wasser aufstellen und zum Kochen bringen. Salz und Pfeffer sowie den Tafelspitz im Ganzen hinzugeben und ca. 1 Stunde bei reduzierter Hitze köcheln lassen. Währenddessen den Schaum wiederholt abschöpfen. Das Suppengrün in grobe Würfel schneiden und ca. 20 Min. vor der finalen Garzeit zugeben. Weiterkochen, bis das Fleisch weich ist. Tafelspitz herausheben, Suppe abseihen und das Fleisch in der verbleibenden Suppe noch etwas ruhen lassen.

In der Zwischenzeit die Kartoffeln mit Schale weich kochen. Danach abseihen, schälen, grob reißen und nach Geschmack mit Salz und Pfeffer abschmecken. Die Zwiebel hacken und in einer Pfanne kurz anrösten. Gemeinsam mit den Kartoffeln vermengen und in etwas Butter braun anbraten.

Für die Spiegeleier zwei Eier in eine kleine Pfanne mit etwas Leinöl schlagen.

Danach den Tafelspitz in Scheiben schneiden und auf dem Teller mit den gerissenen Kartoffeln, dem gekochten, passierten Spinat und einem Spiegelei anrichten. Das Fleisch kann nach Belieben mit etwas Suppe und dem darin enthaltenen Gemüse garniert werden.

 60 Min.

Zutaten

500 g Tafelspitz (mit Fetteindeckung)
2 Suppengrün (Möhren, Pastinaken, Petersilie, Sellerie)
1 Zwiebel, gehackt
400 g Kartoffeln
500 g Spinat, gekocht und passiert
2 Eier
1 Pr. Salz
1 Pr. Pfeffer
Butter und Leinöl zum Braten

... Fortsetzung Rezept Rindfleisch mit Spinat und Rösti

Die Hundeportion

250 g Rindfleisch, z.B. Tafelspitz (mit Fetteindeckung)
70 g Suppengrün (Möhren, Pastinaken, Petersilie, Sellerie)
100 g Kartoffeln
60 g Spinat (gekocht und passiert)
1 Ei
1 TL Leinöl
1 Pr. Salz
Vitaminisierte Mineralstofferänzung mit Calcium (20%), Dosierung laut Hersteller

Für die Hundeküche

Den fertigen Tafelspitz in Stückchen schneiden und gemeinsam mit den gerissenen Kartoffeln, dem gekochten, passierten Spinat und dem Spiegelei anrichten. Das Fleisch kann nach Belieben mit etwas Suppe und dem darin enthaltenen Gemüse im Napf angerichtet werden. Nach dem Auskühlen eine Pr. Salz, 1 TL Leinöl und die vitaminisierte Mineralstoffmischung hinzufügen.

Kurioses

Der „Spitz" hat natürlich nichts mit der Hunderasse zu tun, sondern geht auf die Technik der Fleischhauer in der k. k. Monarchie zurück, die das Muskelstück am oberen Schwanzansatz der Rindskeule zu einem Spitz schnitten. Gekochtes Rindfleisch war zu Zeiten Kaiser Franz Josephs sehr beliebt und wurde häufig „an der Tafel" serviert. Zwei andere tierisch irreführende Bezeichnungen für Fleischstücke lauten „Fledermaus" (aus dem Kreuzbein) oder „Gschnatter" (Anschnitt) und gehören mit dem Tafelspitz zur „Wiener Teilung".

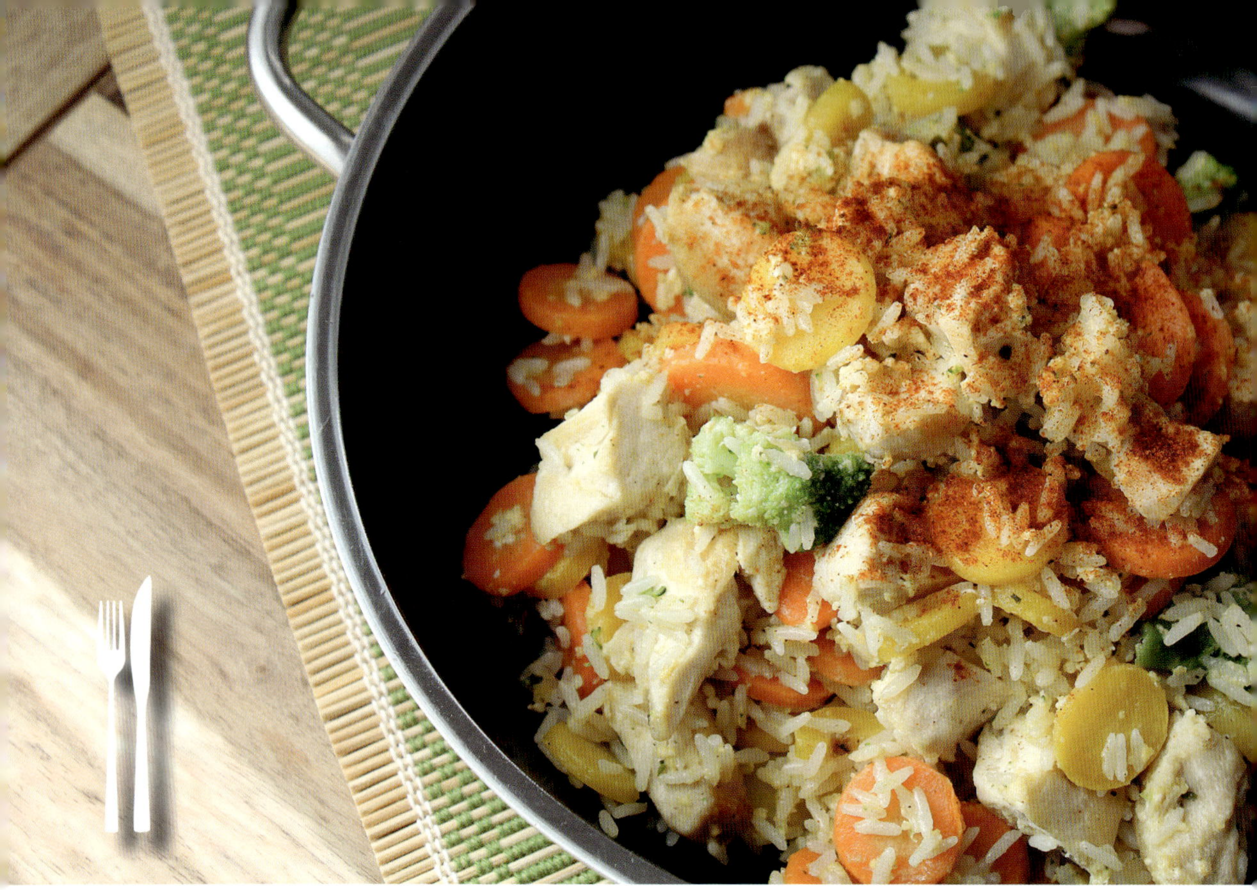

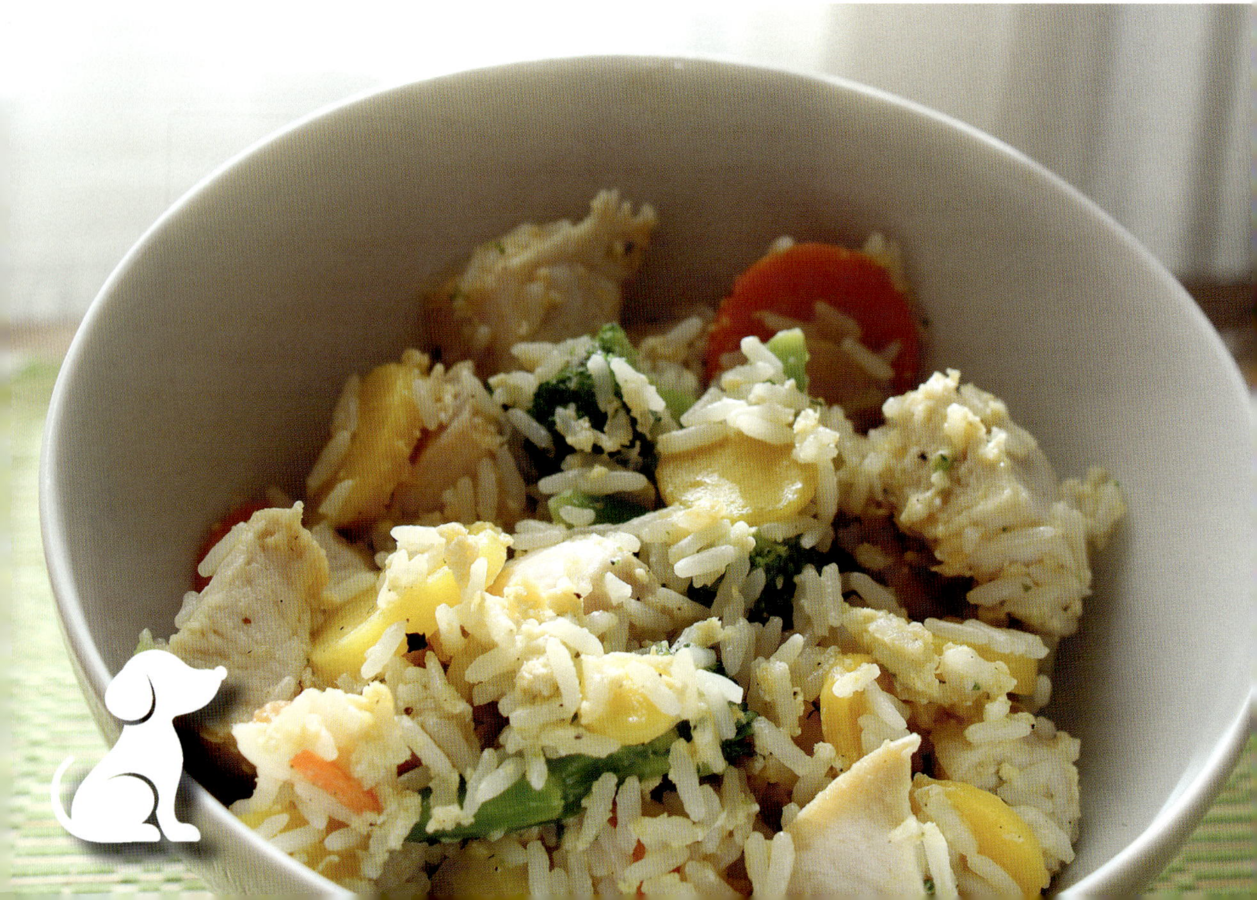

Hühnchen-Gemüse-Reis-Pfanne

Zubereitung für Hund und Mensch

Den Reis weich kochen. Das in Scheiben und klein geschnittene Gemüse zart anbraten. Das Hühnerbrustfilet waschen, trocken tupfen und in etwas Leinöl in einer Pfanne ca. 4 Minuten auf jeder Seite anbraten. Mit Salz und Pfeffer abschmecken. Das Filet entnehmen und in Würfel schneiden. Dann den gekochten Reis, das Gemüse und die Hühnerbrustfilet-Würfel gemeinsam wieder in die Pfanne geben und mit zwei aufgeschlagenen Eiern verrühren, bis sich diese mit dem Reis verbinden. Mit etwas mildem Paprika und einer Prise Salz abschmecken.

🕐 25 Min.

Zutaten

500 g Möhren, gelbe Möhren, Brokkoli Mix
500 g Hühnerbrustfilet
150 g Reis
2 Eier
1 Pr. Salz
1 Pr. Pfeffer
1 Pr. Paprika mild
Leinöl zum Braten

Die Hundeportion

250 g Hühnerbrustfilet (Rohgewicht)
100 g Möhren, gelbe Möhren, Brokkoli Mix
100 g Reis
1 Ei
1 TL Leinöl
1 Pr. Salz
Vitaminisierte Mineralstoffergänzung mit Calcium (20%), Dosierung laut Hersteller

Für die Hundeküche

Für den Hund bleibt das gebratene Hühnerbrustfilet ungewürzt. Den finalen Hühnchen-Gemüse-Reis-Ei-Mix mit einer Prise Salz würzen und im Napf anrichten. Nach dem Auskühlen das Leinöl und die vitaminisierte Mineralstoffmischung hinzufügen.

Tool Tipp

Der Klassiker „Hühnchen, Reis und Möhren" findet seit Jahrzehnten seinen Weg in den Hundenapf. Die Zutaten gelten als besonders schonend für den Magen-Darm-Trakt und werden daher oft für einen gewissen Zeitraum als Schonkost in der Rekonvaleszenz empfohlen.

Krautrouladen mit Petersilienkartoffeln

Zubereitung für Hund und Mensch

Den Strunk des Weißkrautkopfes ausschneiden. Wasser in einem großen Topf zum Kochen bringen und den Weißkrautkopf darin kurz blanchieren. Mit kaltem Wasser abschrecken und ca. 6 schöne große Blätter vom Kopf abziehen. Rinderhack in eine Schüssel geben. Zwiebel schälen, fein hacken und zum Rinderhack hinzufügen. Paprikapulver, Salz, Pfeffer, Tomatenmark und Ei untermengen. Anschließend aus der Masse kleine Rollen formen und auf jeweils ein Krautblatt legen. Dieses zu einem kleinen Päckchen verschließen und mit einem Küchengarn gut zubinden.

Butter in einer Pfanne zerlassen und darin die Krautrouladen kurz von allen Seiten anbraten.

Anschließend mit der Rinderbrühe aufgießen und bei kleiner Hitze 30 Minuten köcheln lassen. Krautrouladen danach entnehmen und das Küchengarn entfernen. In der Zwischenzeit die Kartoffeln schälen und in einem Topf mit Wasser weichkochen. Abseihen und in etwas Leinöl, einer kleinen Prise Salz und der gehackten Petersilie schwenken. Krautrouladen gemeinsam mit den Petersilienkartoffeln servieren.

 60 Min.

Zutaten

150 g Rinderhack
1 Ei
125 ml Rinderbrühe
½ TL Paprikapulver, mild
1 Bund Petersilie, gehackt
1 Pr. Salz
1 Pr. Pfeffer
½ EL Tomatenmark
1 Zwiebel
1 großer Weißkrautkopf
400 g Kartoffeln
Butter und Leinöl zum Braten

… Fortsetzung Rezept Krautrouladen mit Petersilienkartoffeln

Die Hundeportion

250 g Rinderhack (Rohge-
wicht)
250 ml Rinderbrühe
1 großer Weißkrautkopf
100 g Kartoffeln, gekocht
1 TL Petersilie, gehackt
1 Pr. Salz
1 Ei
½ EL Tomatenmark
1 TL Leinöl
Butter zum Braten
Vitaminisierte Mineralstoffergänzung mit Calcium
(20%), Dosierung laut Hersteller

Für die Hundeküche

Das Rinderhack bleibt beim Hund ungewürzt, auch die
Zwiebel fallen weg. Die Masse wird einzig mit dem Tomatenmark und dem Ei vermengt und wie gewohnt zu
kleinen Rollen geformt. Nach Fertigstellung der Rouladen wie oben beschrieben wird das Küchengarn entfernt
und die Rouladen maulgerecht aufgeschnitten. Gemeinsam mit den Petersilienkartoffeln im Napf anrichten.
Auskühlen lassen und anschließend die vitaminisierte
Mineralstoffmischung hinzufügen.

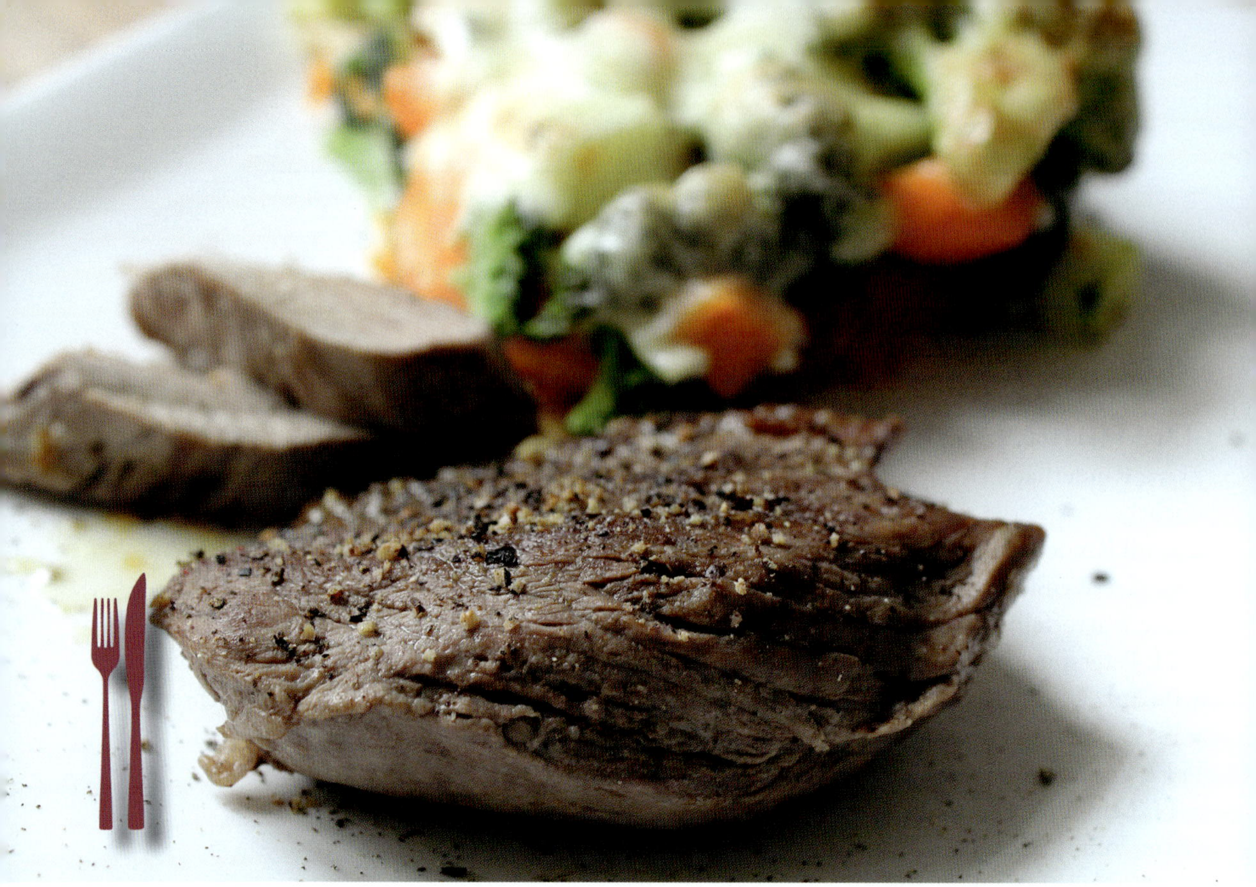

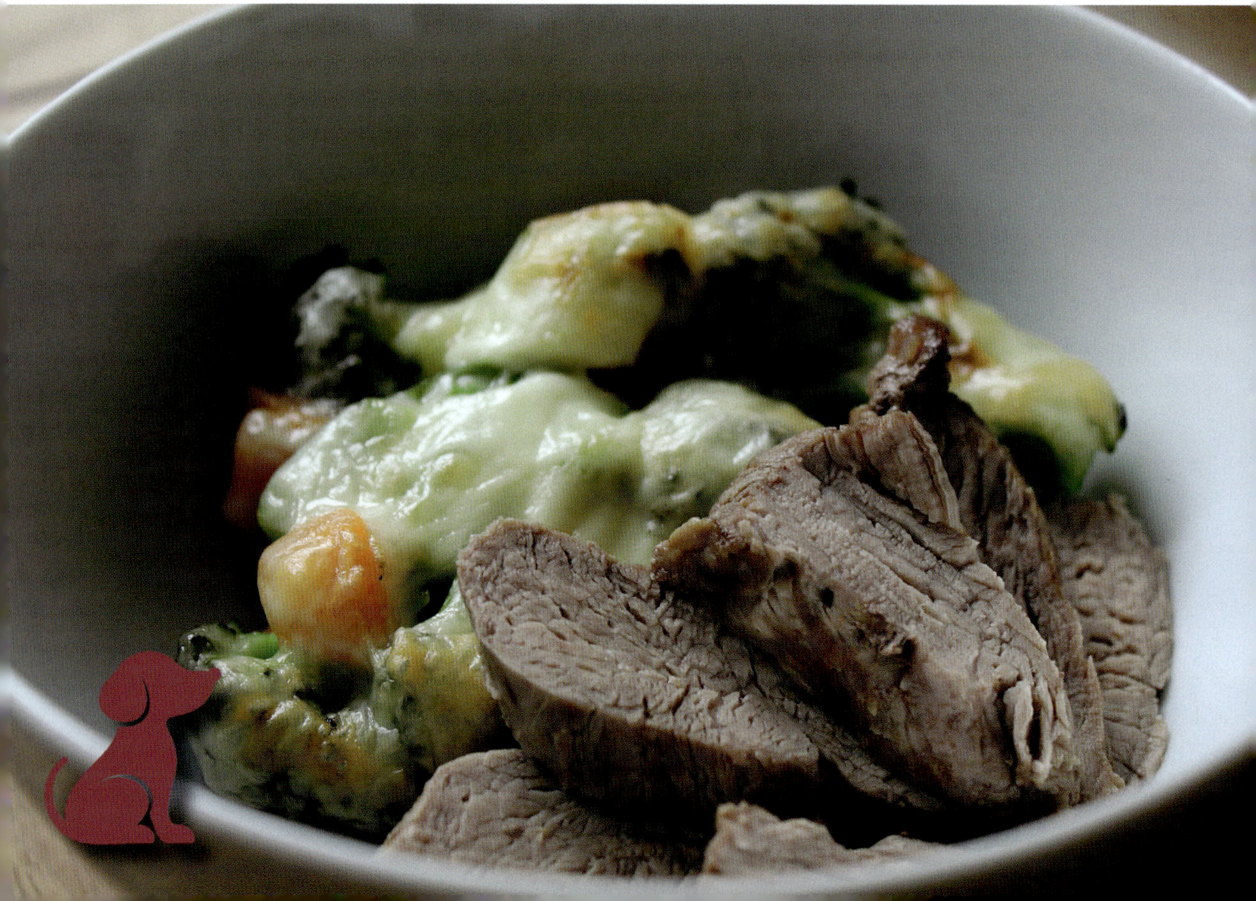

Rindslende mit gratiniertem Gemüse

Zubereitung für Hund und Mensch

Die Rindslende mit Salz und Pfeffer würzen und in einer Pfanne mit Sonnenblumenöl auf beiden Seiten scharf anbraten. Fleisch danach aus der Pfanne nehmen und in Alufolie ca. 5 bis 8 Minuten ruhen lassen.

In der Zwischenzeit das Gemüse waschen, klein schneiden und weich kochen. Danach abseihen und in einer gebutterten Kasserolle auslegen. Mit Salz und Pfeffer würzen und anschließend mit Streukäse bedecken. Im vorgeheizten Ofen bei 160 Grad (Ober-/Unterhitze) ca. 10 Minuten (bis der Käse geschmolzen ist) überbacken.

Rinderfilet gemeinsam mit dem Gemüse-Käse-Gratin servieren.

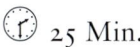 25 Min.

Zutaten

300 g Rinderfilet
2 Möhren
1 Zucchini
1 Handvoll Brokkoli-Röschen
100 g Streukäse
1 Pr. Salz
1 Pr. Pfeffer
Sonnenblumenöl und Butter zum Braten

Die Hundeportion

200 g Rinderfilet (Rohgewicht)
100 g Möhren
50 g Zucchini
50 g Brokkoli
50 g Streukäse
1 Pr. Salz
Sonnenblumenöl und Butter zum Braten
Vitaminisierte Mineralstoffergänzung mit Calcium (20%), Dosierung laut Hersteller

Für die Hundeküche

Für den Vierbeiner das Fleisch und ein Teil der ausgelegten Kasserolle ungewürzt belassen. Nach Fertigstellung die Rindslende gemeinsam mit dem Gemüse-Käse-Gratin im Napf anrichten und auskühlen lassen. Anschließend eine kleine Pr. Salz und die vitaminisierte Mineralstoffmischung hinzufügen.

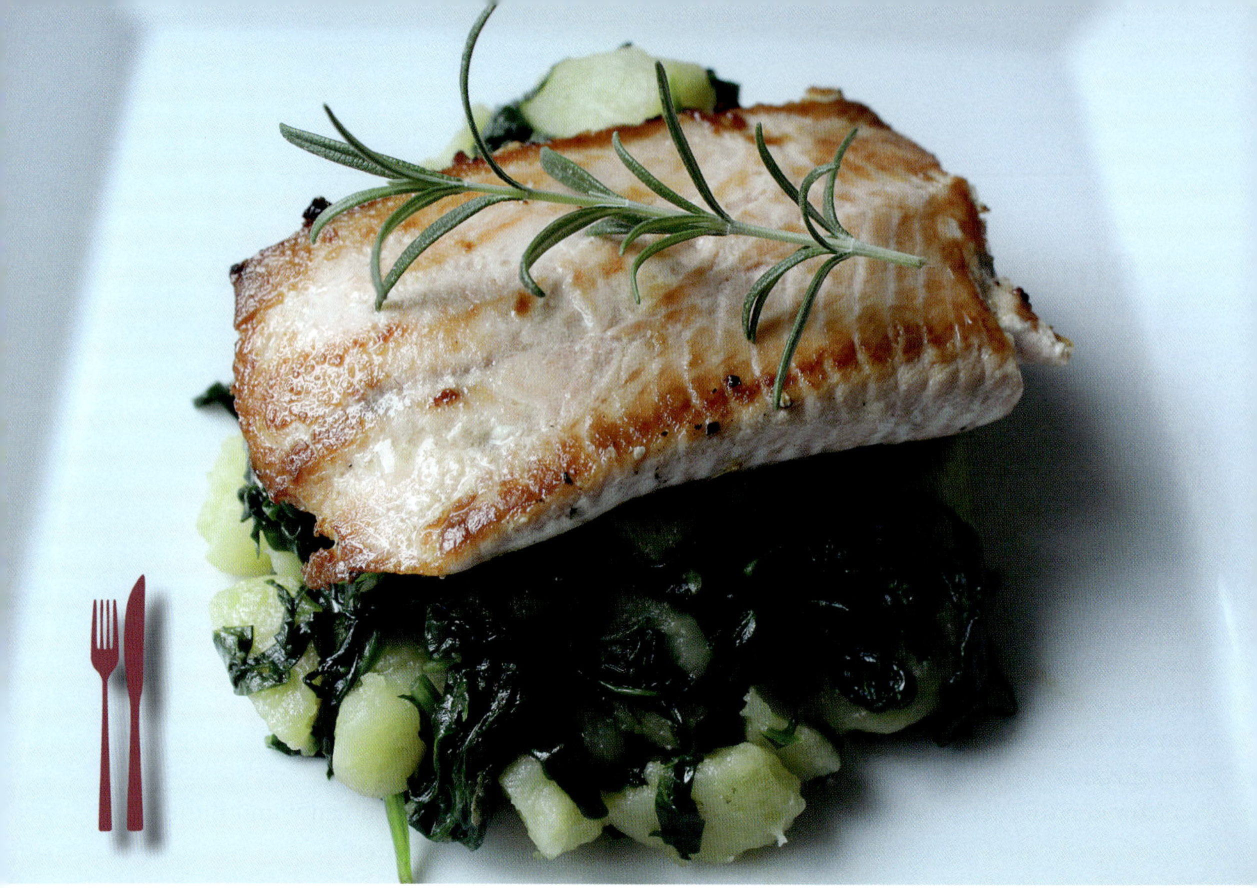

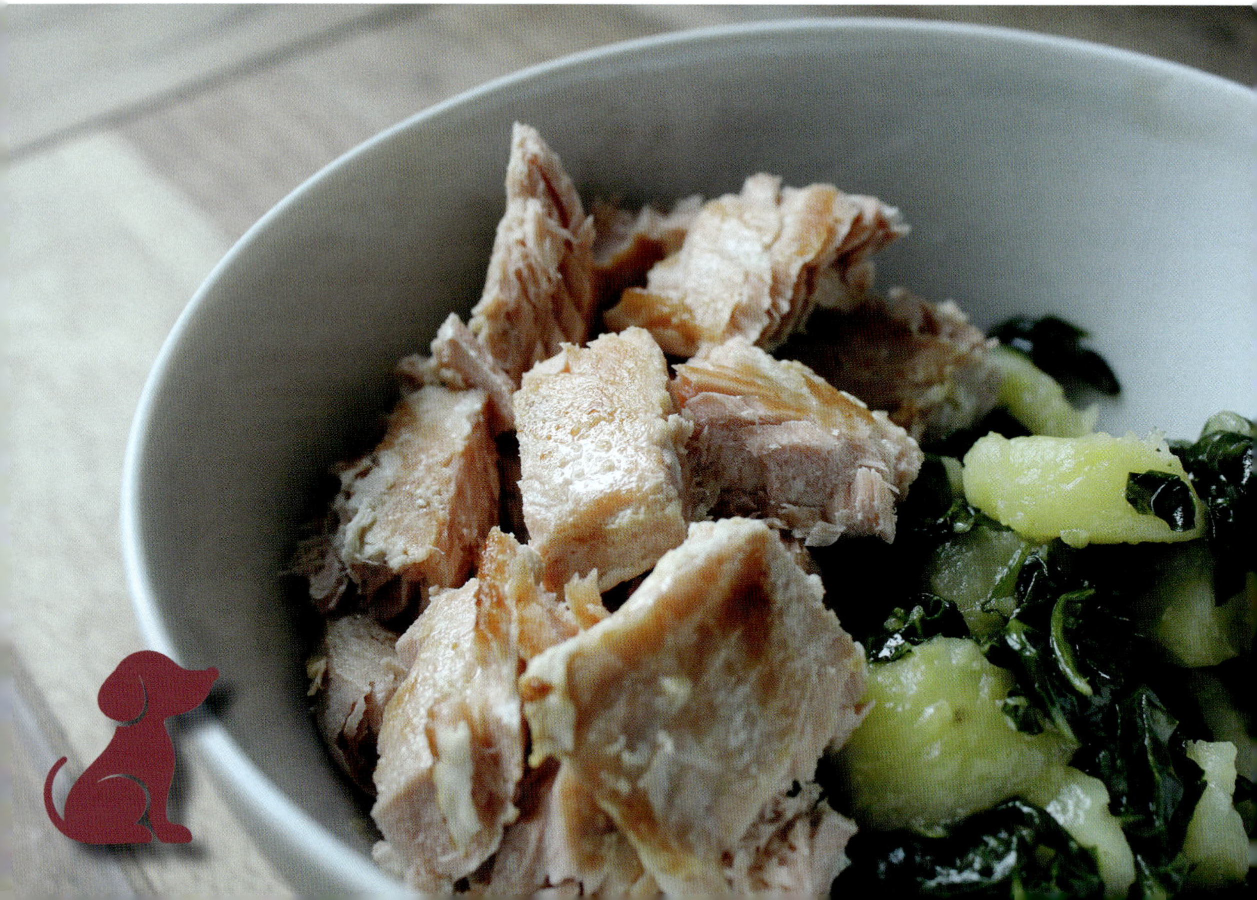

Gebratener Lachs mit Mangold-Kartoffeln

Zubereitung für Hund und Mensch

Lachsfilet waschen, trocken tupfen und mit Salz und Pfeffer würzen. Danach in einer Pfanne mit etwas Butter auf beiden Seiten scharf anbraten. In der Zwischenzeit die Kartoffeln schälen und weich kochen. Anschließend abseihen. Den Mangold waschen und klein schneiden, danach in einer Pfanne mit etwas Maiskeimöl und den gehackten Knoblauchzehen anbraten. Kartoffeln hinzufügen, mit Salz und Pfeffer abschmecken und mit dem Mangold vermengen.

Die Mangold-Kartoffeln mit dem Lachsfilet auf einem Teller anrichten und beides mit etwas Zitronensaft beträufeln.

⏱ 25 Min.

Zutaten

300 g Lachsfilet, ohne Gräten
400 g Kartoffeln
600 g Mangold
2 Knoblauchzehen
1 Pr. Salz
1 Pr. Pfeffer
1 Zitrone
Butter und Maiskeimöl zum Braten

Die Hundeportion

250 g Lachsfilet (ohne Gräten, Rohgewicht)
100 g Kartoffeln gekocht
100 g Mangold
1 Pr. Salz
1 EL Butter
Maiskeimöl zum Braten
Vitaminisierte Mineralstoffergänzung mit Calcium (20%), Dosierung laut Hersteller

Für die Hundeküche

Das Lachsfilet bleibt natur, auch der Knoblauch fällt weg. Den gebratenen Fisch in kleine Stückchen zerteilen und gemeinsam mit dem Kartoffeln-Mangold-Mix in den Napf geben. Auskühlen lassen. Anschließend eine kleine Pr. Salz und die vitaminisierte Mineralstoffmischung hinzufügen.

Putenbrust mit Apfel-Kräuterfüllung und Quinoa

Zubereitung für Hund und Mensch

Die Putenbrust waschen, trocken tupfen und als Schnitzel aufschneiden. Anschließend mit einem Fleischklopfer dünn klopfen. Mit Salz und Pfeffer würzen. Den Apfel waschen, schälen und klein schneiden. Die frischen, gewaschenen Kräuter sowie den Knoblauch hacken und mit den Apfelstückchen vermengen. Den Apfel-Kräuter-Mix vorsichtig auf das Schnitzel auftragen und einrollen. Mit einem Küchengarn zubinden. Die gefüllte Putenbrust langsam bei niedriger Temperatur in einer Pfanne mit etwas Leinöl anbraten.

In der Zwischenzeit den Quinoa unter heißem Wasser waschen, damit der bittere Geschmack entfernt wird und danach laut Packungsanleitung zum Kochen bringen. Ca. 10 Minuten zugedeckt leicht köcheln lassen, Herdplatte abschalten und 15 Minuten ausquellen lassen. Mit Salz und Pfeffer abschmecken. Die Putenbrust aus der Pfanne nehmen und in der Mitte aufschneiden.

Die beiden Putenbrusthälften gemeinsam mit dem Quinoa sofort servieren.

 25 Min.

Zutaten

500 g Putenbrust
200 g Quinoa
1 Apfel
je 1 TL Thymian, Rosmarin, Kresse, Dill und Basilikum
2 Knoblauchzehen
1 Pr. Salz
1 Pr. Pfeffer
Leinöl zum Braten

... Fortsetzung Rezept Putenbrust mit Apfel-Kräuterfüllung und Quinoa

Die Hundeportion

250 g Putenbrust (Rohgewicht)
100 g Quinoa, gekocht
100 g Apfel
je 1 TL Thymian, Rosmarin, Kresse, Dille und Basilikum
1 Pr. Salz
2 TL Leinöl
Vitaminisierte Mineralstoffergänzung mit Calcium (20%), Dosierung laut Hersteller

Für die Hundeküche

Die ungewürzte Putenbrust füllt man für den Hund nur mit dem Apfel-Kräuter-Mix.

Das gebratene Fleisch wird abschließend in maulgerechte dünne Scheiben geschnitten und zusammen mit dem Quinoa im Napf angerichtet. Auskühlen lassen und abschließend eine Pr. Salz, 1 TL Leinöl und die vitaminisierte Mineralstoffmischung hinzufügen.

Tool Tipp

Man wird es nicht für möglich halten, aber Quinoa hat mehr mit Gemüse gemeinsam als mit Getreide. Warum? Das nussig schmeckende Pseudogetreide ist von Natur aus glutenfrei und erfreute sich bereits bei den Inkas großer Beliebtheit. Quinoa gehört eigentlich zu den sogenannten Fuchsschwanzgewächsen und besticht mit seinen gesundheitsfördernden Inhaltsstoffen. Außerdem eignet er sich auch als ideale Kohlehydratquelle für Hunde mit Unverträglichkeiten.

Entenbrust mit Süßkartoffelpüree und Brokkoli

Zubereitung für Hund und Mensch

Süßkartoffeln schälen und in einem Topf mit Wasser weichkochen. Danach abseihen, zerstampfen und mit etwas Butter, Salz und Pfeffer verfeinern. Den Brokkoli ebenfalls in einem Topf mit Wasser garen und danach abseihen. Die Entenbrust waschen, trocken tupfen und im Ganzen oben einschneiden. Mit Salz und Pfeffer würzen, danach das Fleisch in einer Pfanne mit Sonnenblumenöl mit der Hautseite nach unten scharf anbraten, bis es goldbraun ist. Anschließend wenden und auf der anderen Seite anbraten. Die Entenbrust sollte innen leicht rosa sein. Dann das gebratene Filet entnehmen und in einer Alufolie 5 Minuten rasten lassen.

Für die Sauce die Zwiebel schälen, klein hacken und in einem Topf mit ein wenig Butter anbraten. Mehl und das Tomatenmark unterrühren und mit Wein und Gemüsebrühe ablöschen. Sauce eine halbe Stunde bei niedriger Temperatur köcheln lassen. Zum Schluss mit Salz und Pfeffer abschmecken. Die Sauce anschließend durch ein Sieb passieren.

Die Entenbrust filetieren und gemeinsam mit dem Brokkoli und dem Süßkartoffelpüree anrichten. Abschließend mit der Sauce krönen.

 35 Min.

Zutaten

500 g Entenbrustfilet
150 g Brokkoli
250 g Süßkartoffeln
1 Pr. Salz
1 Pr. Pfeffer
Sonnenblumenöl und Butter zum Braten

Für die Sauce
2 EL Butter
3 EL Mehl
0,5 L Rotwein
0,25 L Gemüsebrühe
1 Pr. Salz
1 Pr. Pfeffer
2 EL Tomatenmark
1 Zwiebel

... Fortsetzung Rezept Entenbrust mit Süßkartoffelpüree und Brokkoli

Die Hundeportion

250 g Entenbrustfilet (Rohgewicht)
100 g Brokkoli
100 g Süßkartoffeln, ge-
kocht
1 Pr. Salz
1 TL Leinöl
Butter zum Braten
Vitaminisierte Mineralstoffergänzung mit Calcium
(20%), Dosierung laut Hersteller

Für die Hundeküche

Der Süßkartoffeln Stampf bleibt für unsere Fellnasen
ungewürzt, ebenso der Teil der Entenbrust, der verfüttert werden soll. Das gebratene Fleisch in maulgerechte
Stücke schneiden und gemeinsam mit dem Brokkoli und
dem Süßkartoffelpüree im Napf anrichten. Auskühlen
lassen. Anschließend eine kleine Pr. Salz, 1 TL Leinöl
und die vitaminisierte Mineralstoffmischung hinzufügen.

Rinderhüfte mit Chicorée-Artischocken-Gemüse und Wildreis

Zubereitung für Hund und Mensch

Die Rinderhüfte mit Salz und Pfeffer würzen und in einer Pfanne mit Butter auf beiden Seiten ca. 2 Minuten scharf anbraten. Danach in Alufolie wickeln und 5 Minuten ruhen lassen.

Die Artischockenherzen in einem Topf mit Wasser weich kochen. Danach abseihen. Die Blätter vom Chicorée ablösen, waschen und gemeinsam mit den Artischockenherzen und den Granatapfelkernen in einer Pfanne mit Leinöl kurz anbraten.

In der Zwischenzeit den Wildreis laut Packungsanleitung in einem Topf mit Salzwasser ca. 20 Minuten weich kochen, danach abseihen und mit Salz und Pfeffer abschmecken.

Die Rinderhüfte aus der Alufolie nehmen und gemeinsam mit dem Chicorée-Artischocken-Gemüse und Wildreis servieren.

 35 Min.

Zutaten

300 g Rinderhüfte
4 Artischockenherzen
250 g Chicorée
100 g Wildreis
1 EL Granatapfelkerne
1 Pr. Salz
1 Pr. Pfeffer
Leinöl und Butter zum Braten

... Fortsetzung Rezept Rinderhüfte mit Chicorée-Artischocken-Gemüse und Wildreis

Die Hundeportion

250 g Rinderhüfte (Rohgewicht)
2 kleine Artischockenherzen
50 g Chicorée
100 g Wildreis gekocht
1 EL Granatapfelkerne
1 Pr. Salz
1 TL Leinöl
Butter zum Braten
Vitaminisierte Mineralstoffergänzung mit Calcium (20%), Dosierung laut Hersteller

Für die Hundeküche

Die Rinderhüfte und der Wildreis bleiben ungewürzt. Dann die Steaks maulgerecht aufschneiden, mit dem Chicorée-Artischocken-Gemüse und dem Wildreis im Napf anrichten und auskühlen lassen. Anschließend 1 TL Leinöl und die vitaminisierte Mineralstoffmischung hinzufügen.

Tool Tipp

Die Artischocke kann bei Hunden in kleinen Mengen gefüttert werden. Die enthaltenen Bitterstoffe wie zum Beispiel Cynarin wirken stoffwechselanregend, helfen der Leber beim Entgiften und fördern zudem den Gallenfluss. Obendrein ist das mediterrane Gemüse auch noch verdauungsfördernd. Jede Menge Vitamine und Mineralien – allen voran das reichlich enthaltene Spurenelement Mangan – runden das schmackhafte Portfolio der Artischocke ab.

Putenbruststreifen in Kokoshülle mit Honig-Obst-Gemüse

Zubereitung für Hund und Mensch

Die Putenbrustfilets waschen, trocken tupfen und in dünne Streifen schneiden. Anschließend die Eier verquirlen. Die Filets zuerst in die Eimasse und danach in die Kokosflocken tauchen, bis das Fleisch schön mit Kokos bedeckt ist. In einer Pfanne Kokosfett erhitzen und die Putenstreifen langsam frittieren.

Das Gemüse waschen und die Ananasscheiben in kleine Stückchen schneiden und in einer Pfanne mit etwas Butter und Honig anbraten. Mit Salz und Pfeffer abschmecken.

Gemeinsam mit den frittierten Putenstreifen sofort servieren.

 25 Min.

Zutaten

300 g Putenbrustfilet
1 Zucchini
2 Möhren
2 Ananasscheiben
1 Pr. Salz
1 Pr. Pfeffer
3 EL Kokosflocken
2 Eier
1 TL Honig
Kokosfett zum Braten

… Fortsetzung Rezept Putenbruststreifen in Kokoshülle mit Honig-Obst-Gemüse

Die Hundeportion

250 g Putenbrustfilet (Rohgewicht)
50 g Zucchini
100 g Möhren
50 g Ananas, geschält
1 Pr. Salz
2 EL Kokosflocken
½ TL Honig
1 TL Kokosfett
Vitaminisierte Mineralstoffergänzung mit Calcium
(20%), Dosierung laut Hersteller

Für die Hundeküche

Für den besten Freund des Menschen werden die Putenbrustfilets in dünne Streifen geschnitten und in einem
Topf mit kochendem Wasser gegart. Die Fleischstücke abseihen und sofort in Kokosraspeln tauchen, bis
es schön mit Kokos bedeckt ist. Diese Zubereitung ist
schonender und leichter verdaulich.

Die Putenbruststreifen im Kokosmantel werden gemeinsam mit dem Honig-Obst-Gemüse im Napf angerichtet.
Nach dem Auskühlen 1 TL Kokosfett, ½ TL Honig und
die vitaminisierte Mineralstoffmischung hinzufügen.

Tool Tipp

Ananas in kleinen Mengen kommt dem Wohlbefinden
des Hundes zugute. Die Südfrucht hat einen sehr hohen
Gehalt an Bromelain. Dieses Enzym spaltet das Eiweiß
in der Nahrung auf und hilft so bei der Verdauung. Zusätzlich stärkt das enthaltene Vitamin C die Abwehrkräfte der Vierbeiner und schafft ein gesundes Darm-
milieu, das für unerwünschte Parasiten unattraktiv ist.
Achtung! Bei Hunden mit gereizter Magenschleimhaut
sollte man aufgrund des hohen Säuregehalts der Ananas von einer Fütterung absehen.

Kräuter-Kalb mit Polenta und rote Beete

Zubereitung für Hund und Mensch

Den Backofen auf 220 Grad (Ober-/Unterhitze) vorheizen. Die frischen Kräuter und den Knoblauch fein hacken und vermengen. Das Eiklar luftig aufschlagen und die Kräutermischung vorsichtig unterheben. Mit Salz und Pfeffer würzen.

Die rote Beete in einem Topf Wasser weich kochen. Abseihen und etwas abgekühlt schälen. In kleine Scheiben schneiden.

Für die Polenta den Maisgries in etwa 400 ml Wasser einweichen. 600 ml Wasser zum Kochen bringen und langsam den eingeweichten Maisgries in das kochende Wasser einrühren. Immer weiterrühren bis der Maisgries dickflüssig wird. Danach weitere 10 Minuten rühren. Die Polenta in eine gebutterte Auflaufform geben und bei 180 Grad für ca. 20 Minuten im Ofen goldbraun backen. Die fertige Polenta aus dem Ofen nehmen.

Die Kalbsmedaillons in einer Pfanne mit Butter rundherum anbraten. Mit Pfeffer würzen und mit etwas Senf bestreichen. Die Kräutermischung auf den Medaillons verteilen und auf ein tiefes Backblech legen. Im Ofen bei reduzierter Temperatur (100 Grad) 10 Minuten rosa garen. Danach aus dem Ofen nehmen und gemeinsam mit der roten Beete und der Polenta servieren.

 40 Min.

Zutaten

300 g Kalbsmedaillons
je 1 TL Petersilie, Thymian, Rosmarin
1 Eiklar
1 Knoblauchzehe
1 Pr. Salz
1 Pr. Pfeffer
250 g Maisgries
3 Rote Beete
½ TL Senf
Butter zum Braten

— 159 —

... Fortsetzung Rezept Kräuter-Kalb mit Polenta und rote Beete

Die Hundeportion

225 g Kalbsmedaillons
(Rohgewicht)
125 g Maisgries, gekocht
100 g rote Beete
je 1 TL Thymian, Oregano,
Majoran
1 Eiklar
1 Pr. Salz
2 TL Butter
Vitaminisierte Mineralstoffergänzung mit Calcium
(20%), Dosierung laut Hersteller

Für die Hundeküche

Für die Kräuterkruste beim Hund den Knoblauch aus-
sparen. Die Kalbsmedaillons ungewürzt anbraten und
gemeinsam mit der roten Beete und der Polenta im Napf
anrichten. Auskühlen lassen. Anschließend ein paar
Butterflocken, eine kleine Pr. Salz und die vitaminisierte
Mineralstoffmischung hinzufügen.

Tool Tipp

Die drei Küchenkräuter Thymian, Oregano und Majoran sollten häufig auf dem tierischen Speiseplan stehen.
Sie gelten als besonders verdauungsfördernd und appetitanregend und wirken zudem entzündungshemmend
und Darmparasiten abwehrend.

One-Pot-Farfalle

Zubereitung für Hund und Mensch

Die Hühnerbrust waschen, trocken tupfen und in kleine Stücke schneiden. Danach den Spinat und die Shiitake Pilze waschen und fein schneiden. Das Fleisch, den Spinat, die Shiitake Pilze, 1 TL Leinöl, 1 Prise Salz und die Farfalle im Rohzustand in einem Topf mit ca. 300 ml Wasser 10 bis 15 Minuten kochen lassen. Die fertigen Farfalle auf einem Teller anrichten und mit Streukäse garnieren.

🕐 15 Min.

Zutaten

300 g Hühnerbrust
1 Handvoll glutenfreie Farfalle
1 Handvoll Spinat
4 Shiitake Pilze
1 Pr. Salz
30 g Streukäse
1 TL Leinöl

— 162 —

Für die Hundeküche

Die fertigen One-Pot-Farfalle im Napf anrichten, den Streukäse darüber streuen und die vitaminisierte Mineralstoffmischung hinzufügen, sobald die Farfalle ausgekühlt sind.

Die Hundeportion

230 g Hühnerbrust (Rohgewicht)
100 g glutenfreie Farfalle
80 g Spinat
4 Shiitake Pilze
1 Pr. Salz
20 g Streukäse
1 TL Leinöl
Vitaminisierte Mineralstoffergänzung mit Calcium (20%), Dosierung laut Hersteller

Kurioses

Ein Topf – unendlich viele Möglichkeiten! Der Trend „One Pot" wurde von der amerikanischen Fernsehköchin Martha Stewart erfunden und ist ideal für die schnelle Küche – auch was den Hundenapf angeht. Denn hier werden alle Zutaten in nur einem Kochgeschirr zubereitet, während sich alle Aromen optimal miteinander verbinden. Ein kulinarisches Highlight, bei dem man wirklich kreativ in der Zusammensetzung der Menüs sein kann und obendrein danach wenig Kochgeschirr zum Spülen hat.

— 163 —

DESSERTS & KEKSE

Eistraum „Tropical Fruit"

Zubereitung für Hund und Mensch

Zuckermelone, Mango und Banane in kleine Stücke schneiden. Einen Teil davon separieren, den anderen Teil gemeinsam mit dem Quark und dem Honig pürieren. Verbleibende Obststückchen unterheben und in einer Form über Nacht einfrieren.

⏱ 10 Min.

Zutaten

2 überreife Zuckermelone - Scheiben
1 überreife Mango, entkernt
1 überreife Banane
250 g Quark
250 ml Ziegenmilchjoghurt
1 TL Honig

Tool Tipp

Wer seinem Hund nicht nur eine köstliche Erfrischung, sondern gleichzeitig auch eine tolle Beschäftigung bieten möchte, füllt diese fruchtige Mischung einfach in die Öffnung eines Kauspielzeugs aus Naturkautschuk und friert dieses für ein paar Stunden ein – das Ausschlecken ist eine herrliche Abwechslung an besonders heißen Tagen.

Wiener Kaiserschmarrn

Zubereitung für Hund und Mensch

Für den Kaiserschmarrn in einer Schüssel Mehl, Salz und Eidotter mit der Schafmilch zu einem glatten, dickflüssigen Teig verrühren. Das übriggebliebene Eiklar zu einem steifen Schnee schlagen und unter den Teig heben. Etwas Butter in einer flachen Pfanne aufschäumen lassen. Den Teig anschließend mit einer Kelle langsam eingießen und auf beiden Seiten anbraten. Den fertigen Schmarrn mit einer Gabel in mittlere Stücke zerteilen.

Für Zweibeiner 30 g Zucker mit in den Teig rühren, den Schmarrn mit etwas Staubzucker bestreuen und mit Zwetschkenröster bzw. Pflaumenmus servieren.

20 Min.

Zutaten

40 g Butter
300 ml Schafmilch
4 Eier
200 g Buchweizenmehl
1 Prise Salz

— 166 —

Kürbiswaffeln

Zubereitung für Hund und Mensch

Den Kürbis waschen, in kleine Stücke schneiden und weichkochen. Danach abseihen und mit einem Stabmixer pürieren. Mit allen anderen Zutaten in einer Schüssel zu einem dickflüssigen Teig verrühren. Anschließend den Teig mit einer Schöpfkelle in ein Waffeleisen füllen und leicht braun backen lassen.

Die Menschen-Waffeln mit etwas Staubzucker bestreuen.

🕐 20 Min.

Zutaten

80 g Buchweizenmehl
1 EL Kokosöl
2 EL Honig
1 Ei
50 ml Ziegenmilch
80 g Kürbis (Hokkaido)

Möhrentorte

Zubereitung für Hund und Mensch

Möhren reiben und mit Ei, Butter, Wasser und Buchweizenmehl zu einer Masse verrühren. Eine Tortenform mit Butter einstreichen und den Teig einfüllen. Im Ofen bei 170 Grad (Ober-/Unterhitze) für 45 Minuten backen. Den fertigen Kuchen auskühlen lassen, aus der Form lösen und mit dem Messer horizontal in zwei Teile schneiden. Den Quark und das Ziegenmilchjoghurt mit einem Mixer aufschlagen. Beide Tortenhälften mit der Quark-Joghurt-Masse bestreichen. Die beiden Hälften zusammensetzen und mit der gleichen Masse das „Icing" (die äußere Schicht) des Kuchens vollenden. Mit Kokosraspeln, Möhrenstückchen und Goji-Beeren dekorieren.

Für die zweibeinige Variante 250 g Staubzucker mit in den Teig rühren.

⏲ 60 Min.

Zutaten

Für die Torte

250 g Möhren, gerieben
1 Ei
100 g Butter
200 ml Wasser
130 g Buchweizenmehl
250 g Quark
250 ml Ziegenmilchjoghurt

Für die Dekoration

Kokosraspeln, Möhrenscheiben und Goji-Beeren

Tool Tipp

Auch Hunde feiern gerne Geburtstag! Einfach eine Hundegeburtstagsparty veranstalten und tierische Freunde einladen. Neben tollen Spieleideen wie zum Beispiel einem Bällebad oder einer Hunde-Schatzsuche ist die Möhrentorte garantiert das kulinarische Highlight für jedes Schleckermäulchen.

Bananen Muffins

Zubereitung für Hund und Mensch

Für die Muffins die Bananen mit einer Gabel zerdrücken und mit Öl und den Eiern schaumig rühren. Das Buchweizenmehl und die Haferflocken langsam unterheben und die Masse gut verrühren. Danach den Teig in die gebutterten Muffin-Förmchen füllen und bei 180 Grad (Ober-/Unterhitze) ca. 25 Minuten backen.

Für das Topping den Quark mit Schafmilchjoghurt vermengen und mit einem Spritzsack die Oberseite des Muffins dekorieren. Mit Bananenstückchen verzieren.

Für die Menschen-Muffins 80 g Zucker und eine Packung Vanillezucker in den Teig rühren.

🕐 60 Min.

Zutaten

Für die Muffins

200 g Buchweizenmehl
70 g Haferflocken
2 Eier
100 ml Buttermilch
40 ml Öl
2 überreife Bananen
1 EL Butter

Für das Topping

einige Bananenscheiben
250 g Quark
250 ml Schafmilchjoghurt

Macarons „Doggie"

Zubereitung für Hund und Mensch

Die Eier trennen und das Eiklar in einer Schüssel zu einem festen Schnee schlagen. Die gemahlenen Haselnüsse durch ein feinmaschiges Sieb drücken und vorsichtig dem Schnee unterheben. Das Hagebuttenmus langsam einrühren, bis der Schnee eine gleichmäßige Farbe annimmt. Die fertige Masse in einen Spritzsack füllen, und auf ein mit Backpapier ausgelegtes Backblech runde Häufchen aufspritzen. Danach ca. 20 Minuten ruhen lassen. Währenddessen das Backrohr auf 160 Grad (Ober-/Unterhitze) vorheizen und die Häufchen anschließend ca. 15 Minuten backen. Den Ofen ausschalten und die Macarons weitere 15 Minuten nachtrocknen lassen. Danach die fertigen Süßigkeiten aus dem Ofen nehmen und langsam vom Backpapier ablösen.

Für die Füllung die Sahne steif schlagen. Einen Teil davon entnehmen und mit Himbeerpüree rosa färben. Anschließend jeweils eine Macarons-Hälfte wahlweise mit der geschlagenen Sahne oder der Sahne-Himbeerpüree-Mischung füllen und zusammensetzen.

Den Füllungen für Zweibeiner werden je 50 g Staubzucker beigefügt.

⏲ 45 Min.

Zutaten

Für die Macarons

25 g Haselnüsse, gemahlen
3 Eiklar
2 EL Hagebuttenmus

Für die Füllung

100 ml Sahne
30 g Himbeerpüree

Fruchtjoghurt

Zubereitung für Hund und Mensch

Haferflocken in etwas Ziegenmilchjoghurt einweichen. Erdbeeren in kleine Stücke schneiden und gemeinsam mit den Heidelbeeren, Brombeeren, Himbeeren und den eingeweichten Haferflocken in eine Schale geben und schichtweise mit dem Joghurt auffüllen. Paranüsse klein hacken und damit die Oberfläche dekorieren.

🕐 45 Min.

Zutaten

150 g frische Beeren (Erdbeeren, Heidelbeeren,
Brombeeren, Himbeeren)
250 ml Ziegenmilchjoghurt
2 EL Haferflocken
1 EL Paranüsse

Tool Tipp

Das Fruchtjoghurt stellt ein besonders gesundes Frühstück für Hund und Mensch dar. Haferflocken verfügen über einen hohen Nährstoffgehalt, sind reich an löslichen Ballaststoffen und sorgen zusammen mit den anderen Zutaten für einen energievollen und vitaminreichen Start in den Tag.

Kokostraum

Zubereitung für Hund und Mensch

Das Kokosmehl durch ein feinmaschiges Sieb streichen und mit dem Ei, 2 EL Kokosraspeln und Kokosöl bei Raumtemperatur gut miteinander verrühren. Den Teig solange kneten, bis er gut formbar ist. Hände mit etwas Wasser befeuchten und aus kleinen Teigstücken Kugeln formen. Die restlichen Kokosraspeln in eine Schüssel geben und die Kugeln darin wälzen, bis sie komplett mit Kokosraspeln bedeckt sind. Die fertigen Kokoskugeln auf ein mit Backpapier ausgelegtes Backblech legen und bei ca. 180 Grad (Ober-/Unterhitze) für 25 Minuten backen.

🕑 25 Min.

Zutaten

30g Kokosmehl

30g Kokosöl, nativ, kalt gepresst

1 Ei

4 EL Kokosraspeln

Tool Tipp

Kokosöl oder -fett, am besten in unraffinierter Bioqualität, wird bei Hunde gerne als Wurmprophylaxe eingesetzt. Es schafft eine wurmwidrige Umgebung und wirkt sich gleichzeitig günstig auf die Darmflora des Tieres aus. Die Leckerei „Kokostraum" ist daher nicht nur eine bei Vierbeinern beliebte Belohnung, sondern stellt auch ein natürliches Hilfsmittel gegen unerwünschte Gäste dar.

Trick or Treats – Die Belohnungs-Kekse für Halloween

Zubereitung für Hund und Mensch

Die Süßkartoffeln schälen und weich kochen, danach mit einer Gabel zerdrücken. Das Dinkelmehl, die Quinoa flocken und das Sonnenblumenöl in eine Rührschüssel geben und gut vermengen. Wasser zufügen und so lange weiter rühren, bis sich ein fester Teig bildet. Diesen mit einem Nudelholz ausrollen und mit unterschiedlichen Keksformen ausstechen. Die Kekse auf ein mit Backpapier ausgelegtes Backblech legen und bei 180 Grad (Ober-/Unterhitze) ca. 30 bis 35 Minuten backen. Danach gut auskühlen lassen.

🕐 90 Min.

Zutaten

200 g Süßkartoffel oder Kürbis, geschält
150 g Dinkelmehl
75 g Quinoaflocken
1 EL Sonnenblumenöl
40 ml Wasser

Kurioses

Echt gruselig! Im finsteren Mittelalter haben „Hexen" Hundehäufchen zum Zaubern und Verfluchen verwendet – allerdings nur jene, die nach dem Verzehr von Hühnerknochen entstanden sind. Ebenso wurden die Exkremente zur Bekämpfung von Warzen eingesetzt.

-Wunsch-
Sammler

Glückskekse

Zubereitung für Hund und Mensch

Alle Zutaten gut miteinander vermengen bis sich ein Teig bildet. Daraus kleine, runde Kügelchen formen, kreisförmig flachdrücken und zu Glückskeksen formen (zum Halbkreis falten und auf der geschlossenen Seite an den beiden Enden zur Mitte hin zusammenschieben). Die Glückskekse anschließend auf dem mit Backpapier ausgelegten Backblech bei ca. 190 Grad (Ober-/Unterhitze) 30 Minuten goldbraun backen.

🕐 40 Min.

Zutaten

350 g Buchweizenmehl
10 g gemahlene, getrocknete
   Kräutermischung (Melissenkraut, Kamillenblüten,
   Malvenblätter, Johanniskraut)
200 ml Wasser
1 EL Honig
6 EL Kokosöl

Tool Tipp

Alexandra Wischall-Wagner, ganzheitliche Hundetrainerin zum Thema „Richtiges Belohnen": Über den Trainingseffekt entscheidet das richtige Timing. Die Belohnung sollte 0,5 bis maximal zwei Sekunden nach dem Verhalten erfolgen. Sie geben zu Beginn immer ein Leckerli, also bei jedem erfolgreichen Trainingsschritt. Sobald der Hund verstanden hat, worum es geht, stellen Sie auf eine variable Belohnung wie Streicheleinheiten oder Lob um, ein Leckerli wird nur noch hin und wieder gezückt. Hat Ihr Vierbeiner ein besonders schwieriges und im Alltag wichtiges Verhalten erlernt, greifen Sie bei der Belohnung zu seinem Lieblings-Leckerli und machen ihn damit besonders glücklich.

Gebackene Apfelspalten

Zubereitung für Hund und Mensch

Den Apfel waschen, schälen, in Spalten schneiden und entkernen, falls erforderlich. Danach in einer Schüssel Buchweizenmehl, Ei, Honig und Wasser zu einem dickflüssigen Teig verrühren. Die Apfelscheiben im Teig wenden, sodass dieser am Obst haften bleibt. Anschließend die Apfelspalten in einer Pfanne mit heißem Kokosöl goldbraun herausbacken.

Bei der Zweibeiner-Version werden die noch warmen Apfelspalten mit einem Gemisch aus Staubzucker und etwas Zimt bestreut.

20 Min.

Zutaten

1 Apfel
8 g Buchweizenmehl
1 Ei
2 EL Honig
100 ml Wasser
1 EL Kokosöl

Tool Tipp

Äpfel enthalten den wertvollen Ballaststoff Pektin, der einerseits den Cholesterinspiegel senkt und den Säuregehalt im Körper neutralisiert, und andererseits Giftstoffe im Darm bindet und sich so perfekt zur Reinigung desselbigen eignet.

Müsliriegel

Zubereitung für Hund und Mensch

Datteln und Bananen pürieren. Quinoaflocken, Kokosöl und die gehackten Haselnüsse hinzufügen und zu einem Teig vermengen. Die Teigmasse auf ein mit Backpapier ausgelegtem Backblech zu viereckigen Riegeln formen und diese für ca. 35 Minuten bei 170 Grad (Ober-/Unterhitze) goldbraun backen. Anschließend den Ofen ausschalten und ca. 15 Minuten nachtrockenen lassen.

🕐 40 Min.

Zutaten

250 g Quinoaflocken
3 reife Bananen
70 g Datteln (entsteint)
70 g Kokosöl
30 g Haselnüsse (gehackt)

Tool Tipp

Gemeinsam mit seinem vierbeinigen Freund die Natur zu erkunden, ist für viele Hundehalter das Schönste. Da darf natürlich die richtige Jause nicht fehlen. Die Müsliriegel sind perfekte Energielieferanten während einer längeren Wanderung für Mensch und Tier.

Valentinstags Herzen

Zubereitung für Hund und Mensch

Ofen auf 165 Grad (Ober-/Unterhitze) vorheizen. Alle Zutaten sorgfältig miteinander vermengen und den Teig gut durchkneten. Sollte er etwas zu trocken sein, mit etwas Wasser anfeuchten. Etwas Kokosmehl auf der Arbeitsfläche verteilen und den Teig ca. 0,5 bis 1 cm dick ausrollen. Mit einem Keksausstecher in Herzform einzelne Kekse ausstechen. Backpapier auf dem Backblech auslegen und die ausgestochenen Herzen mit etwas Abstand darauf platzieren. Ca. 25 Minuten backen, danach auskühlen lassen.

Für Zweibeiner dem Teig eine Packung Vanillezucker zufügen.

⏱ 30 Min.

Zutaten

150 g Buchweizenmehl
2 Eier
2 EL Kokosöl
20 g Cranberries (getrocknet, gehackt)
20 g Goji-Beeren (getrocknet, gehackt)
etwas Kokosmehl

Tool Tipp

Cranberries und Goji-Beeren sind wahre Powerbomben. Sie sind reich an Vitaminen und liefern insbesondere Vitamin C, Antioxidantien, Gerbstoffe und organische Säuren. Zusätzlich sind die roten Früchtchen für ihre antibakterielle Wirkung bereits seit langem bekannt. Achten Sie beim Kauf von getrockneten Früchten stets darauf, dass diese unbehandelt, schonend getrocknet und idealerweise ungezuckert sind.

Hundetiramisu

Zubereitung für Hund und Mensch

Für die Biskotten den Backofen auf 190 Grad (Ober-/Unterhitze) vorheizen. Die Eier trennen und das Eiweiß steif schlagen. Das Buchweizenmehl durch ein feinmaschiges Sieb streichen und vorsichtig unter das steife Eiweiß heben. Ein Backblech mit Backpapier auslegen, die Masse in einen Spritzbeutel mit kleinem Loch füllen und Streifen für Streifen auf das Backpapier auftragen. Die Biskotten für ca. 15 Minuten im Ofen goldbraun backen und danach auskühlen lassen.

Für das Himbeer-Tiramisu einen Teil der Himbeeren mit dem Stabmixer fein pürieren. Sahne gut aufschlagen, etwas Himbeerpüree dazugeben, bis sich die Masse zartrosa färbt. Anschließend Mascarpone löffelweise unterrühren.

Für die zweibeinige Variante nach und nach Staubzucker, eine Packung Vanillezucker und den Saft einer Limette in die Creme rühren.

Die ausgekühlten Biskotten kurz in etwas Buttermilch tränken und den Boden einer passenden Form damit auslegen. Mit der Mascarpone-Masse bestreichen und mit einer weiteren Lage Biskotten belegen. So weitermachen, bis die Form gefüllt ist. Die abschließende Schicht sollte aus der Creme bestehen. Diese mit Kokosraspeln bestreuen und mit den verbleibenden Himbeeren belegen. Abschließend Tiramisu einige Stunden lang kalt stellen.

🕐 60 Min.

Zutaten

Für die Biskotten

4 Eier
80 g Buchweizenmehl

Für das Himbeer-Tiramisu

200 g Himbeeren
400 g Mascarpone
60 Biskotten
500 ml Sahne
100 ml Buttermilch

Für die Dekoration
Kokosraspeln

Anhang

Über die Autorinnen

Mag. (FH) Iris Otto-Siemakowski

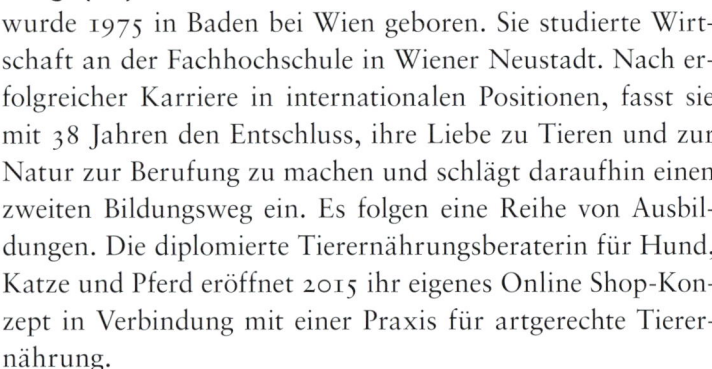

wurde 1975 in Baden bei Wien geboren. Sie studierte Wirtschaft an der Fachhochschule in Wiener Neustadt. Nach erfolgreicher Karriere in internationalen Positionen, fasst sie mit 38 Jahren den Entschluss, ihre Liebe zu Tieren und zur Natur zur Berufung zu machen und schlägt daraufhin einen zweiten Bildungsweg ein. Es folgen eine Reihe von Ausbildungen. Die diplomierte Tierernährungsberaterin für Hund, Katze und Pferd eröffnet 2015 ihr eigenes Online Shop-Konzept in Verbindung mit einer Praxis für artgerechte Tierernährung.

Weitere Vertiefungen zu den Themen Ernährung nach TCM, Vitalpilze, Bachblüten sowie Kräuter- und Heilpflanzen runden ihren ganzheitlichen Ansatz ab.

Als Referentin ist die Expertin für Tierernährung an unterschiedlichsten Bildungseinrichtungen tätig. Seit 2017 ist sie auch Inhaberin und Mitbegründerin von Hundewissen.org – dem Bildungsinstitut rund um den Hund, wo sie ihr Wissen an HundehalterInnen und HundeunternehmerInnen weitergibt.

Darüberhinaus bloggt sie zu Trends und Insights aus der Futtermittelbranche, gibt Tipps zu artgerechter gesunder Fütterung und arbeitet als Autorin.

Gabriele Hasmann

ist erfolgreiche Schriftstellerin, Lektorin, Ghostwriterin, Autorenbetreuerin und Journalistin. Sie erhielt einige Literaturpreise und veröffentlichte bereits zahlreiche Bücher in namhaften Verlagen, wobei ihre Hauptleidenschaft paranormalen Phänomenen in historischem Umfeld gilt, über welche sie als DIE „Spukologin" Österreichs berichtet. Bevor sich die Bestsellerautorin ganz ihrer Leidenschaft, dem Schreiben, widmete, war sie als Zeitungs-, Radio- und TV-Journalistin tätig. Heute veranstaltet sie neben ihrer Haupttätigkeit auch noch Literatur-Events, leitet Workshops und coacht andere Schriftsteller zum Erfolg.

Quellenverzeichnis

Bücher

Dillitzer, Natalie: „Tierärztliche Ernährungsberatung", 2. Auflage, Elsevier Verlag, München 2012

Ewering, Dr. Cornelia u.a.: „Von Barfen über vegetarisch bis Fertigfutter – Aktuelle Trends in der Heimtierfütterung", Kompendium, Mars GmbH, Viersen 2016

Filardi, Christine M. und Geltman, Dr. Wayne: „Home Cooking for your Dog – Holistic Recipes for a healthier Dog", Stewart Tabori & Chang Verlag, New York (New York, USA) 2013

Hand, Michael S. u.a.: „Small Animal Clinical Nutrition", 4. Auflage, Mark Morris Institute Verlag, Topeka (Kansas, USA) 2011

Hasmann, Gabriele und Wischall-Wagner, Alexandra: „Gesund mit Hund", Goldegg Verlag, Wien 2016

Meyer, Helmut / Zentek, Jürgen: „Ernährung des Hundes", 8. Auflage, Enke Verlag, Stuttgart 2016

Quast, Carolin: „Heilkräuter und Heilpflanzen", Natura Med Verlagsgesellschaft mbH Neckarsulm 2008

Quellenlinks

www.1hundetagebuch.wordpress.com/2013/04/06/seit-wann-gibt-es-eigentlich-modernes-hundefutter

www.clean-feeding.de

www.erste-hilfe-beim-hund.de

www.futtermedicus.de

www.lizza.de/pages/low-carb-pizza-aus-chia-und-leinsamen

www.stadthunde-com/magazin/ernaehrung/futter-trends/hundefutter-geschichte.html

Mr. & Mrs. Dog®
Online Shop und Praxis für ganzheitlich orientiere Tierernährung
www.MrandMrsDog.at
www.facebook.com/MrandMrsDogVienna/

Hundewissen.org
Das Bildungsinstitut rund um den Hund
www.Hundewissen.org
www.facebook.com/hundewissen

www.wunschtext.at

Wunschtext
www.wunschtext.at
www.facebook.com/Spukbuecher

Freud & Hund - Coaching für Mensch & Tier
Mag. Alexandra Wischall-Wagner

Danksagungen

Wir möchten uns an dieser Stelle ganz herzlich bei den nachfolgenden Zwei- und Vierbeinern bedanken, die uns so tatkräftig bei der Fertigstellung unseres Buches unterstützt und uns mit Ratschlägen zur Seite gestanden haben:

Michael Siemakowski – unverzichtbare Unterstützung in der Küche
English Cocker Spaniel Veggie – Verkosterin auf vier Pfoten
Mag. Alexandra Wischall-Wagner – Freud & Hund – Coaching für Mensch & Tier
Dr. vet. med. Michaela D'Alonzo – Tierärztin, Tierkinesiologin und
Micronährstoffcoach, blu. beethoven